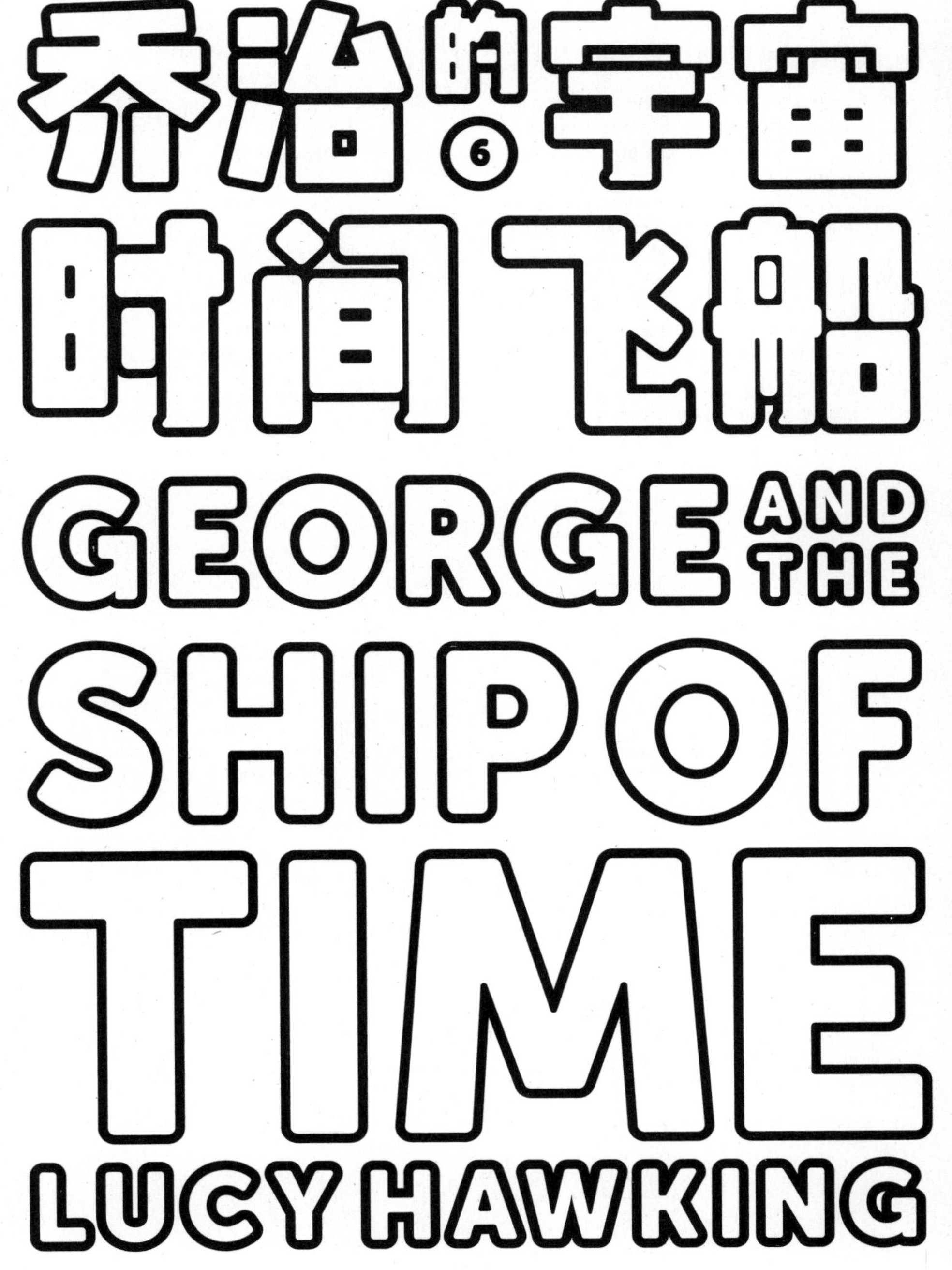

[英] 露西·霍金 著 [英] 加里·帕森斯 绘 杨杉 译

CTS K 湖南科学技术出版社
长沙

图书在版编目（CIP）数据

乔治的宇宙．时间飞船 /（英）露西·霍金著；杨杉译．
—长沙：湖南科学技术出版社，2019.5（2024.11 重印）
ISBN 978-7-5710-0187-2
Ⅰ．①乔… Ⅱ．①露… ②杨… Ⅲ．①宇宙－普及读物
Ⅳ．① P159-49
中国版本图书馆 CIP 数据核字 (2019) 第 085911 号

George and the Ship of Time

著作权合同登记号：18-2019-152

QIAOZHI DE YUZHOU SHIJIAN FEICHUAN
乔治的宇宙 时间飞船

著者
［英］露西·霍金
绘画
［英］加里·帕森斯
译者
杨杉
责任编辑
孙桂均 吴炜 李蓓 杨波
书籍设计
邵年，XYZ Lab
出版发行
湖南科学技术出版社
社址
长沙市芙蓉中路一段416号
泊富国际金融中心
网址
http:// www.hnstp.com
湖南科学技术出版社
天猫旗舰店网址：
http://hnkjcbs.tmall.com
印刷
长沙超峰印刷有限公司
（印装质量问题请直接与本厂联系）
厂址
宁乡市金洲新区泉洲北路100号
版次
2019 年 5 月第 1 版
印次
2024 年 11月第 5 次印刷
开本
880mm × 1230mm 1/32
印张
9
字数
200000
书号
978-7-5710-0187-2
定价
48.00 元

LUCY HAWKING

The final adventures of
Annie and George

Illustrated by Garry Parsons

CORGI BOOKS

CORGI BOOKS

UK | USA | Canada | Ireland | Australia
India | New Zealand | South Africa

Corgi Books is part of the Penguin Random House group of companies
whose addresses can be found at global.penguinrandomhouse.com

www.penguin.co.uk
www.puffin.co.uk
www.ladybird.co.uk

Penguin
Random House
UK

First published 2018
001

Typeset in Stempel Garamond by Clair Lansley
Printed in Great Britain by Clays Ltd, St Ives plc

A CIP catalogue record for this book is available from the British Library

ISBN: 978–0–552–57529–4

All correspondence to:
Corgi Books
Penguin Random House Children's
80 Strand, London WC2R 0RL

“人类历史越来越成为教育和灾难之间的赛跑。”

——赫伯特·乔治·威尔斯

特别鸣谢乔治系列书籍的编辑苏·库克

目录

最新的科学理论！

当你阅读这个故事，看到乔治发现的未来时，你会读到一些很棒的科学知识和想法——关于时间膨胀和机器学习！故事最后是由受人尊敬的专家们撰写的一系列文章以供延伸阅读，这些文章将有助于真正实现那些创意想法。这是你们的未来：去阅读、思考并享受其中的乐趣吧！它可能是一个真正令人兴奋的世界。

序 幕

“信息缓冲完毕！”通信系统突然活跃起来，“多普勒校正完成。”

直到现在，“阿尔忒弥斯号”宇宙飞船的内部一直极其平静，但后来一个人的声音打破了这诡异的寂静，那声音听上去非常愤怒。

“乔治！我是妈妈！”声音从扩音器中传来 。她听上去相当愤怒。

“哎呀！”乔治在这艘巨大的宇宙飞船上的唯一同伴——巨型机器人玻尔兹曼·布莱恩说 ，“我可以跟你妈妈打个招呼吗？她一定很想念我们！”

“不行！”乔治飘回到飞船前部。当初他登上尚且位于地球上的“阿尔忒弥斯号”时，还不知道它将带他们踏上一次疯狂的旅程。他们就好像骑上了一匹尚未驯服的野马，马儿将带着他们到宇宙中奔腾。“好吧，事实上，”他补充道，随手暂停了接收器，这样火冒三丈的母亲就听不到自己的声音了，“我想你不会想告诉她这是你的主意吧？”

他恳求地看着这个破旧的机器人。不久前，一次高空太空跳跃导致玻尔兹曼的头部和身体被重返地球大气层所产生的热量烧焦。这也时刻提醒着乔治，自己的身体没有机会在飞船外幸存。

“但这不是我的主意，”玻尔兹曼说，听上去很困惑，“我觉得对你妈妈隐瞒事实也无法改变咱们目前的困境。”机器人玻尔兹曼在掌握人类情感方面取得了很大进步，但仍然没有掌握人类最基本的习惯——撒谎。

不管怎样，乔治明白对妈妈一五一十讲清楚对于他们重返地球毫无意义。先不管他们是怎么到达那儿的吧，这会儿他和玻尔兹曼被困在宇宙飞船中，朝着远离地球的方向高速前进……他们不知道该怎么回家。他拿起了手机。

“妈妈！”他喊道。

“乔治！”声音很小，夹杂着愤怒与喜悦。如果哭泣和欢笑能同时发生的话，那乔治妈妈就正是如此。“乔治！”

“喂，妈妈。”乔治道。

“乔治？”他妈妈接着说，“你在哪儿？不要只说‘我在太空！’我知道，谢天谢地，乔治·格林比。乔治？乔治！”

“喂！喂！妈妈！”乔治喊道，他突然意识到妈妈实际上压根儿听不到他说话。由于在太空中信息传递会延时，他妈妈同他交谈，而他的回复却要穿过浩瀚太空，因此妈妈无法及时收到他的回复。事实上，他妈妈可能是在几小时甚至几天前发布的信息，这会儿可能并没有坐等他的回复。乔治的心一下子沉了下去。跟他母亲说话却又不能同步，这太奇怪了。

“乔治·格林比！”她接着说，“你知道你在做什么吗，开着那艘可怜的宇宙飞船飞驰而去，吓唬我们吗？”电话线突然变成了静电，乔治听到了嗡嗡声和嘶嘶声。

“我没有意识到！”他无谓地对着接收器喃喃自语，他知道妈妈

听不见他说话。“本不应该是这样的！”

那时，劫持宇宙飞船“阿尔忒弥斯号”似乎是大胆的冒险，但乔治也认为它将有一个注定的结局。发射后不久，乔治和玻尔兹曼就能控制住宇宙飞船，并将其送入绕地轨道运行。绕地飞行几周后，他们会减速离开轨道返回家园。而且就算他父母非常生气，以至于他下半辈子都被困在地球上，但乘坐真实的宇宙飞船体验太空飞行仍然是值得的。

但实际情况却并非如此。后来的事实证明“阿尔忒弥斯号”已经完全进入了自己的节奏。它似乎有一个预先制定的路线，并且没有回应任何试图改变它的尝试。相反，它像出膛的炮弹一样离开了地球大气层。月球的背面一闪而过，地球越退越远，在黑暗中迅速消退成一个光点，隐于万千光点之中。

现在他们正哭着穿越太空，明亮的星光从窗口闪过。飞船的控制面板拒绝接受任何玻尔兹曼发出的操控指令。他们两个就像他们发现的安装在飞船特殊生长部位的货物——绿莴苣一样无能为力。正如太空莴苣生长缓慢一样，他们也将不得不等待“阿尔忒弥斯号”揭晓此次航行的目的。他们要到火星去吗？那可是乔治原本计划的目的地。去木卫二欧罗巴吗，它已被设定了访问程序？那将是一段更加漫长的旅行。可现在他们看上去并非要前往某地，而只是越来越快地进入无边黑暗。

“你好，乔治妈妈！”玻尔兹曼朝接收器喊道，“我们玩得很开心！但不要担心——飞船上安装有非常棒的惯性阻尼器，大幅度加速或减速也不会有被碾碎的危险！如果这就是你一直担心的……”

乔治希望玻尔兹曼的信息会在太空中消失。这一定不是他妈妈

想要听到的话。

突然，又传来了她响亮而清晰的声音。

“埃里克，”她说道，“正试着让你的飞船调头，但他说你回来可能还需要一段时间。他认为‘阿尔忒弥斯号’压根儿没有被编程去欧罗巴或火星。你将要去——”

“哪里？”乔治哽咽道，“我们要去哪儿？”

“嘶嘶……吱吱……嗡嗡，”妈妈正说着，突然信息中断了，“噼里啪啦……砰……”

“妈妈！”乔治喊道，此时此刻，他最想做的就是和他的小妹妹们待在家里——平常普通的大街上不起眼的房子中，自己的卧室里，而妈妈正在厨房，爸爸则在屋外的花园里砍柴，为自家的发电机提供动力。

家的景象突然变得如此清晰，就像真实在那儿一样。乔治看到自己从花园里走了进来，嗅了嗅空气。母亲正在烘烤她拿手的西兰花松饼，妹妹们正在用樱桃木积木建造和拆除塔楼，同时父亲斧头落下，清脆利落的“咔嚓声”从外面传进来。这是家，是他所属之地。

“轰！”扩音器响了。妈妈不见了，他回到现实的这个无菌空间——陈旧的空气和脱水的食物和唯一一个机器人朋友。太空食品味道还不错，有很多不同的口味，比如“培根三明治”或“巧克力奶昔”。飞船上的循环设施也保持着良好的水循环，因此乔治不太可能用完食物或饮料。即使机器人是一个不错的同伴，但这一切都不似回到家里，和家人，邻居也是最好的好朋友安妮一起做好一次冒险的准备。只是这一次乔治独自踏上冒险之旅，将她抛在了身后。

通信中断了，妈妈不见了。乔治意识到，他最后的一丝希

望——埃里克·贝利斯，他的朋友安妮的父亲、超级明星科学家、Kosmodrome2（他们位于狐桥的家附近的宇航发射基地）的前负责人，能够控制失控的“阿尔忒弥斯号”，并把他们带回来。这种希冀瞬间灰飞烟灭。他们依然在太空中飞驰，但他们要去哪里呢？他趴在失效的控制器上，手里拿着麦克风。接收器继续接收噪声——噼啪声、隆隆声和奇怪的高音口哨声，这对乔治来说毫无意义。

“振作起来！”玻尔兹曼用长长的机器人手指戳了他一下。“看看我找到了什么！”

乔治抬起头来，脸色阴郁。

“覆盆子冰淇淋蛋糕！”机器人笑了笑，在乔治面前挥舞着小包。“一种新口味！ 你会告诉我你一点也不兴奋吗！ 这不是晚餐时间吗？”

在宇宙飞船上最奇怪的事情是，在航行过程中他们不知道时间的流逝。乔治的手表似乎停了下来。玻尔兹曼的计时功能出现了奇怪的故障，控制面板没有给他们任何线索，他们也无法通过日出或日落来记录日子。

他们自然而然地睡觉和醒来。乔治想睡觉时就把自己塞进一个相对舒适的吊舱打瞌睡，而玻尔兹曼需要充电时就四处闲逛，利用飞船上的太阳能电力供应系统充电。他们通过聊天来打发时间，玻尔兹曼就人类生命形式而不是机器人生命形式做了大量的记录。过了一会儿，乔治注意到玻尔兹曼正在复制他的手势！这太奇怪了，就好像有一面机器人镜子。

日子就这样慢慢流逝——或者至少乔治所认为的日子。他不知

道还要等多久才有熟悉的声音从地球传来。

“乔治！”声音哽咽，“乔治！”这是他最好的朋友安妮的声音。乔治和安妮去过冰封的木卫二，在打败了地球上最邪恶的人玉衡天璇之后，他们及时返回地球，营救了一群被困在“阿尔忒弥斯号”发射台上的孩子们。天璇的计划是把这个星球上最聪明的孩子们孤立起来，派他们去执行一项秘密太空任务——代表他在太阳系中寻找生命。但是乔治和安妮及时介入并救了他们，在解救过程中他们在量子传送时意外地雾化了天璇，他已经解体了，永不复生。

不幸的是，天璇本人秘密设计和建造了“阿尔忒弥斯号”宇宙飞船，只有他知道如何操作它。天璇消失后，地球上几乎没有人

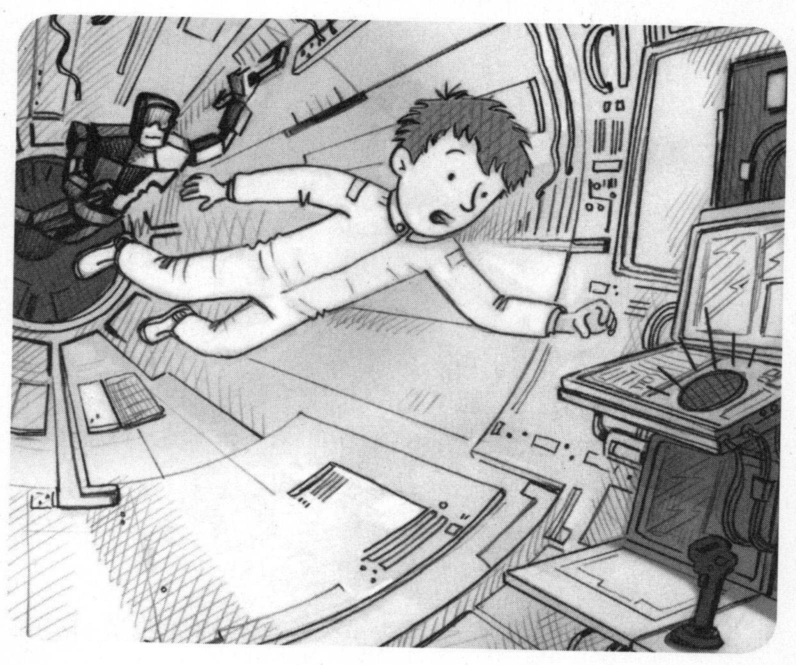

知道这艘飞船是如何工作的。而且，正如乔治现在所发现的那样，甚至连安妮的爸爸——超级大脑埃里克，也没能改变“阿尔忒弥斯号”真正的目的地，不管是什么地方。

“安妮！”乔治喊道，尽可能快地飘到通信门户。他现在非常擅长在微重力下移动，能做各种有趣的翻转和翻筋斗。

“乔治！”安妮语速很快，“我不知道你是否还在外面，或者你是否能听到我的声音，但是如果可以的话，请联系我。有大麻烦了。”

“我也想啊！”乔治说，“但我不知道怎么回家！没有人知道！另外你说‘如果我还在外面的话’是什么意思，帮帮我，安妮。”

“一切都变了，”安妮说，她的声音突然从通信频道传来，如铃声般清晰。在某些方面她似乎能够同步，但在其他方面，她听起来又有些莫名其妙的不同：更成熟，更自信，还有些害怕。“一切都出了问题，”她说，“乔治，这个世界——颠倒过来了。一切都毁了。我们无法阻止它。乔治，你还在外面吗？我需要你！埃里克需要你。”

乔治的血液变得冰凉。听到他朋友穿过无边宇宙的延时声音，在他无法给予安慰或实时回复的时候向他寻求帮助，太令人心碎了。在他身旁的玻尔兹曼也冻住了，仿佛和乔治一样也正在经历这个心痛的糟糕时刻。

“埃里克怎么样？”乔治问道，但他知道安妮此刻根本听不到他的声音。他明白他只是在太空中大喊大叫，就像她一样，把信息放在一个瓶子里然后把它送到海里，希望有人捡到并回答。

“不！”玻尔兹曼哭了，对于一个机器人来说这非常感性了。

“不是埃里克！”

“嘘！”乔治说，“我需要听清楚安妮说了什么。”

“埃里克失踪了，”安妮接着低声说道，仿佛她能够听见乔治的问题一样在回答他。“乔治，他干了一件事，他们抓住了他。有人背叛了他。他试图阻止他们，但现在他已经失踪了。我们不知道他在哪儿，我们非常害怕……”她听上去气喘吁吁的，好像她正在跑步。

“他们是谁？”乔治问。他知道自己的问题无关紧要，但即便如此，他还是忍不住发问。

从另一端传来的唯一答案是一声尖叫，它回响在空荡的飞船周围，一次次从墙壁上反弹回去。

“安妮！安妮！”他对着听筒喊道。

但毫无回应。乔治跑向窗户，不知怎么地，他希望能够看到安妮飘浮在太空中的身影，但眼前只有一个巨大的膨胀的宇宙，其间充满了明亮的星星和奇怪的天体，还有巨大的岩石在无尽的光亮下旋转而过。

他感到一股寒意从脊背渗下来。安妮最后的留言是一个绝望的求救电话，可能她甚至都不知道他是否听到了她的电话。

玻尔兹曼和乔治面面相觑，机器人和男孩，机器的眼睛对着人的眼睛，静默着。

“你也感觉到了，是吗，玻茨？”乔治说，“地球上真的出了什么问题。”

机器人点点头。“我感觉到你对家乡环境的混乱感到不安。”他回答说，“虽然我不像你一样是你们星球的有机组成部分，但我也开始觉得我们已经走得太远了。我相信我们已经实现了你的太空飞行

梦，现在是时候返回了。”

“这艘船到底要去哪里？”乔治说，“玉衡从来没有告诉过你吗？”

玻尔兹曼摇了摇头。“我的主人是一个有许多秘密，”他说着飘浮到控制面板上，开始对控制“阿尔忒弥斯号”的飞行系统再次进行持续攻击，“和许多花招的人。如果他告诉你这艘飞船的目的地是欧罗巴，那么你可以肯定那是“阿尔忒弥斯号”永远不会去的地方。”

“我们在这里多久了？为什么没有时钟？”乔治说。玻尔兹曼轻弹开关，输入命令时，他帮不上什么忙。“为什么这里没有时间？”

“时间一直都有，”玻尔兹曼说，“它总是不断向前，只是我们不知道我们移动了多少或多快罢了。虽然船上的惯性阻尼器使我怀疑我们的航行速度……”

“我们得回家了，玻茨，”乔治果断地说道，“这不重要！他们需要我们。”

玻尔兹曼又一次试图侵入这个系统，试图从某种无形的指挥飞船方向的力量手中夺取控制权，却始终徒劳无功。飞船外，星星闪过，发出明亮的彩虹般的光芒。乔治停了一下，一想到他可能是唯一一个离开地球这么远的人，就感到很惊讶。但他会回家讲述这个故事吗？当他回家后，他会发现什么？

玻尔兹曼在试图改变船的航向后擦了擦额头。乔治几乎是自顾自地偷笑——机器人不出汗，所以他不需要擦掉额头上的水分，但他已经从人类身上学会了这个手势，并且非常喜欢把他作为他努力

工作的信号。

但就在玻尔兹曼再次放弃时，这艘船自身决定与他们交谈。

“达到向外旅行的顶点。”飞船宣布，引起了乔治和玻尔兹曼的注意。

“发生了什么？”乔治哭喊道。但他根本用不着询问。这艘巨大的宇宙飞船在黑暗的太空中极速冲锋，几乎停了下来，最后开始转向。

“玻茨！”乔治不敢说出口，“我们是……？”

“我想是的！”机器人笑着说，嘴角都快从一只耳朵咧到了另一只烧焦的耳朵边啦。

“是啊！”乔治说着从空中跳到机器人跟前，给了他一个大大的拥抱。“我们要调头了！我们要——”

“回家。”从通信口传来的声音有些颤抖。乔治和玻尔兹曼僵硬地半抱在一起。“不要离开你的家。”声音继续传来，尖锐而清晰。尽管背景声音中好像有许多汽车鸣笛的声音，但是他们还是从中听到一声哀嚎。

“地球公民！”广播中继续传来声音，“不要惊慌，留在家里，不要抵抗。这不是演习。重复一遍。这不是演习。”当广播中厉声发出命令时，乔治和玻尔兹曼听到了另一个声音，像是一场剧烈的大爆炸，大到足以粉碎地球表面，巨大的蘑菇云迅速升腾，穿过地球大气层进入太空。

然后是一片寂静。

第一章

宇宙飞船仰面嘎吱一声着陆。它摇摇晃晃了好几分钟，但努力稳住了没有倒下。它被楔入了岩石地面，就像太空版的比萨斜塔。尘云在它周围翻腾。如果有人在那里看到这幅场景的话，那一定非常壮观。飞船的周围，一片绵延数英里的白沙地空无一人，就像在炽热的银河系天空下的月球沙漠。

飞船突然停止摇晃，而两名宇航员仍然被捆在飞船的座位上呢 。

“我觉得有点不舒服。”玻尔兹曼喊道，他还没有睁开眼睛。

“别傻了，”乔治说，“你是个机器人，你不知道不舒服的滋味。”

“不，我知道。”玻尔兹曼抗议道。与乔治在太空的那段时间里，他开始相信自己不仅仅是一个聪明的机器人，也是一个有知觉的机器人。“我有感觉！”

不管怎样，乔治更喜欢事实而不是感情，他不想在那一刻讨论玻尔兹曼的感情。“着陆完成了吗？”

“是的，谢谢你，玻尔兹曼！”他的机器人气愤地回答道。

“谢谢你，玻尔兹曼，”乔治低声说，“很有趣的着陆技术。”

“我们在一个天体的表面上。我称之为着陆。”

“别开玩笑，”乔治说，“但这是地球，不是吗？”

“我想是的，”机器人环顾四周道，“但很难完全确定。”

“那如果不是呢？”乔治问，“如果你把我们带到了错误的星球上怎么办？”话一出口他就意识到自己错了。在漫长的旅途中，玻尔兹曼的反应越来越人性化，任何批评的暗示都会使他非常烦躁。

“看，我已经尽力了！”机器人喊道，“毕竟，我们首先是因为你才进入太空的。”

“是的，是的，我知道，”乔治叹了口气，“谢谢你和我一起旅行，我不可能独自驾驶这艘宇宙飞船。”

“噢！什么！”玻尔兹曼说着更高兴了，“我以前从未被允许花这么多时间与人相处。这是最有教育意义的。作为一个机器人，我从未梦想过……”他停顿了一下，纠正自己道，“机器人不会做梦。我从没想过我有机会拥有一个人类朋友。我不会选择其他人。宇航员乔治，你是人类中最好的选择。”

没想到乔治感觉如鲠在喉。“噢，玻茨！”他说，“你是最好的

机器人。不，事实上，”他清了清喉咙，“你是最好的朋友，机器人或人类。”

玻尔兹曼微笑着，然后伸出金属钳子的手，解开了乔治的安全带。

“我们出去吗？”

“是的！”机器人说，“我不知道你打算怎么办，但我已经准备好舒展我的腿脚啦！”

“我们要怎么做?”乔治问,“我们是不是有点高出地面太多了？如果我跳出来，会骨折吗？”

“幸运的是，”玻尔兹曼从窗口向外凝视着，“我把飞船垂直着地——这是一个巧妙的操作，我必须这样夸自己——我似乎已经把船底压扁了，我们的船底比理论上要低得多，所以你的骨头应该能承受下降的压力。”

在发射当天，他们通过一个脐带塔登上了这艘巨大的宇宙飞船，这个脐带塔把他们升到了入口。当乔治从窗口向外看时，他看到玻尔兹曼是对的。降落到这个星球——地球？的表面，依然是一个大问题，但应该可以跳下去，估计可以跳。在着陆时窗户一定很脏，因为他看不到太多的景色——只有一片平坦空旷的白色。

“我们在哪儿着陆啦?”乔治检查了宇宙飞船的控制面板，试图找出他们所在位置的一些线索。

但宇宙飞船已经归于沉寂。曾经的“阿尔忒弥斯号”是在太阳系边缘充电的冒险家，现在的它只不过是一块废金属、一块空白屏幕和毫无意义的开关。

玻尔兹曼说:“我的设备都没有连接。我不知道这是为什么。我

希望这是地球。我觉得现在还没准备好迎接一个新的星球。”

“好吧！“乔治说，“还有一个更现实的问题。如果这不是地球，我可能无法呼吸这里的大气……”

“我先走出去，”玻尔兹曼傲娇地说，“探探情况。我可能会离开一段时间……”

“谢谢，”乔治咕哝道，他一点也不担心玻尔兹曼离开飞船。测试环境对机器人来说并不像对人类那样危险。他又往窗外看了看，他们到底在哪里？

“你兴奋吗？”玻尔兹曼问道，他正在出口附近忙活呢。

“当然！”乔治回答道，“我想见到我的父母，还有安妮！看看到底发生了什么。她给我们发的那个奇怪的信息又是什么？我希望他们现在已经解决了一切问题……我饿了！我想要一些真正的食物……”

“就我个人而言，”机器人说，“或者从机器人的角度来说，我迫不及待地想追上我在地球上的机器人兄弟们，和他们分享我对人类状况的见解。我想他们一定很乐意听……”

“是的！”乔治说，打断了玻尔兹曼的叙述，这些话他在太空旅行中都已经听了好几次了。“好，来吧。在它自动关闭把我们永远困在这里之前，让我们离开这艘宇宙飞船。”

“哇！”机器人在舱门打开时感叹道，现在他们可以看到外面世界的全景——除了能见度太差，他们根本看不到任何东西。空气吹进来，携带着黏糊糊的沙子和附着其上的烟灰颗粒。

“哎呀！”玻尔兹曼试图把粘在金属外壳上的颗粒擦掉，“我记得地球不是这么脏吧，但有好消息！你能够呼吸空气——我做了一

个测试，它的成分对你来说几乎是安全的。”

“你说的几乎安全是什么意思？”乔治说，他摘下头盔时便咳嗽起来。这个空气很难闻，有一种沙沙的感觉。

“二氧化碳含量似乎很高。”机器人疑惑地说，“比我记忆中要高，氧气含量少得多，温室气体多得多。我想你至多能在这种环境下幸存几分钟。”

当他把头伸出舱门并环顾四周时，乔治喋喋不休地说了几句。他意识到宇宙飞船的窗户并没有变脏——这里仅仅是一片空旷、毫无特点的沙漠，几乎不能看到任何东西，只有多节、发育不全的树木才能打破这绵延的沙漠。他从飞船里伸出一条腿来，准备跳到地面上来。

在他记忆中，他一直梦想着从宇宙飞船上爬下，踏上新的星球的那一刻。但现实却让人觉得他的梦想变成了一场噩梦——在地球某处迫降。至少，他希望是地球。但这是一个遥远而凄凉的地方，没有人迎接他们，也没有任何家的迹象。

乔治一头扎到地上，他的宇航服很容易抓牢飞船外的地面。他们降落在这个奇怪的地方，飞船被厚厚的空气粘住了。玻尔兹曼紧随其后，把他那巨大的金属脚踩在布满小岩石的沙地上。乔治摇摇晃晃，试图使自己稳定下来，重力的冲击对他影响很大。

“看！”玻尔兹曼指着他的脚说，“我们站在河床上！”

“我们这是？”乔治一边说一边检查破裂的表面寻找线索，“但是水在哪里呢？”

“干涸了，”玻尔兹曼说，“但曾经有水流经这里。”

“这真是个悲伤的地方，”乔治鼓起双颊说，“‘阿尔忒弥斯号’

为什么来这里？是什么让它选择了这个地方？”

“它肯定想降落在这里，”机器人说，“它选择了旅程和目的地——我们一直都只是乘客。我主人一定就是这样编程的。”

“他为什么要那样做？”乔治问道，“他为什么要让‘阿尔忒弥斯号’在太空中飞行，却回到这个垃圾场？这里什么都没有！”

他们站在一起观察现场，穿着宇航服的男孩和巨大的黑色机器人凝视着这片空旷的土地。

“你看到什么了吗？”乔治凝视着远方，喃喃地问。

“没有，”玻尔兹曼说，“一片空旷。”

空间配给一直持续到他们着陆。现在，当阳光照在这片干燥的

沙漠上时，乔治意识到他需要尽快找到水源。

但是，由于他们都盯着远处的热雾，他们都没有注意到有什么东西从后面靠近。在他们意识到这一点之前，一群发出微弱咔哒声的微型机器人从他们身边经过，奔向了他们的宇宙飞船。这群迷你机器人一到达船上，就开始拆除它，以极高的效率和速度将其撕成碎片。

“嘿！”乔治喊道，“那是我的船！”但是小机器人没有注意到。他们不可能不感兴趣啊。但机器人完全专注于摧毁宇宙飞船，拆除了船上的“阿尔忒弥斯”铭牌并将其撕成碎片。

“让我试试吧，”玻尔兹曼满怀信心地说，“他们想跟我说话。”他大步走向那些小机器人并开始对他们说话。他们聚集在一起回答——他们似乎在嘲笑他！不久，小机器人又回到了船上，将它切成了几段，像一列蚂蚁一样把每一块都拿走了。玻尔兹曼拖着沉重的步子走回乔治身边，乔治现在感觉到了晕船、重力引起的不适，对地球和家的思念，以及对空气的不适应。

“怎么样？”乔治嘶哑地说，“他们说了什么？”

“我不知道，”机器人承认道，“起初，我听不懂他们在说什么——但他们认为我很搞笑！我发现他们叫我“五减一点零”。

“五减一点零？”乔治含糊地重复着，“我们起飞时，你是地球上最先进的机器人。”他感到非常不安，有点恶心。“他们告诉你我们在哪里了吗？”

“大概吧。”玻尔兹曼小心翼翼地回答道。

“你什么意思？”乔治问，他现在靠在玻尔兹曼身上，因为他觉得很难站立。他在太空中飘浮了那么久，感觉身子很沉重。这可不

是一种好感觉——如果他当时可以直接回到太空，他会的。

“他们叫它一个有趣的名字，”玻尔兹曼慢慢说道。

“有趣，哈哈？”乔治说。

“那倒不至于，”玻尔兹曼说，“他们称之为‘伊甸园’。”

“伊甸园？”乔治说，“那到底是哪里？他们说了吗？”

玻尔兹曼说：“反正可不是‘哈哈’，这个地方的坐标与我们出发的地点一致，我们离发射台很近。”

“什么？”乔治说，他的脑子飞速运转，“我站在沙漠中间一条干涸的河床上，你告诉我这是 Kosmodrome 2 的坐标吗？它之前是在农场中部，离狐桥不远！”

这时，一股狂风把一阵煤烟吹到他们脸上。

“机器人一定弄错了，”乔治说，吐出来一些被吹进嘴里的大碎片，“这不是我的家。”

“恐怕是的，”玻尔兹曼说，“我想‘阿尔忒弥斯号’把我们带回家了。那里，”他指着光秃秃的沙漠说，“应该就是狐桥的所在地。”

那一刻，乔治倒下了。

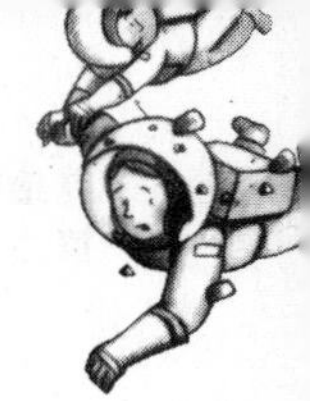

第二章

乔治睁开眼睛，发现自己躺在坚硬的、满是灰尘的沙漠地上，玻尔兹曼俯身在他身上，脸上焦虑不安。

“你醒了！”机器人高兴地说，“谢天谢地，我以为你已经昏迷了！”

乔治努力坐起来。他被灿烂的阳光，无尽的、永恒的旅程，几近坠毁的着陆以及这个奇怪的消息弄得晕头转向。这个地方的坐标和他的家、狐桥附近的农场坐标一致，这是什么意思？这里发生了什么，把它从宁静的绿地变成了无人居住的沙漠？为什么现在叫伊甸园？他能看到的只有高科技微型机器人以最快的速度吞食着他那艘破旧的宇宙飞船，而这片土地上所有的生命迹象都像是被洗刷干净了，看上去一片空旷。

“我不明白，”他说，伸出一只手扶着玻尔兹曼以便让自己站稳。他感到越来越恐慌，这种恐慌穿过脊髓渗进大脑。

“这很难处理。”玻尔兹曼说，“在我们航行的短暂时间内，世界的变化似乎比我们预期的要快得多。我很惊讶那些机器人觉得我搞笑并且过时了。”

拾荒机器人以非凡的效率完成了几乎整个宇宙飞船的拆卸任

务。微型机器人载着碎片消失在沙漠中，它们边走边愉快地咔嗒作响。

乔治盯着他们远去。“他们几乎把我们的飞船都拿走了！我把我的空间幸运贴片贴在上面了！”

“我认为它已经永远消失了。”玻尔兹曼说，“‘阿尔忒弥斯号’也完了。”

“但那是我们的船！”乔治说，“如果我们再需要它怎么办？”

“需要它干什么？”玻尔兹曼理智地说，“我们已经探索了太空。现在是时候让家变得有意义了。”

“这不可能是家。”乔治说。他非常困惑，不知所措。“这不可能。一定是出了什么差错。”他回想起他们在船上收到的信息。他们在太空短暂停留的时候，是否发生过某种全球性毁灭？那怎么可能发生呢？这一切是什么意思？当然，这一切都是有某种原因的，很快他就会和家人以及安妮一起回来，回想起自己所犯下的错误并一笑而过。

“也许吧，”玻尔兹曼怀疑地说，“但现在我们得走了。”

“去哪里？”乔治说，他不知道哪里才是目的地。他心想，从某种意义上来说玻尔兹曼是对的。与回家相比，现在探索太空似乎更易如反掌！

“我们需要为你找到水源和庇护所。现在我们唯一的希望就是在这些机器人消失之前跟上他们。跳到我背上来！”

乔治试图起跳，但天气太热，他又很累，穿着笨重的太空服，背上背着氧气罐。最终，玻尔兹曼设法把他抬起来。他像消防队员那样把乔治扛在肩上跑起来。

“哎哟！哎哟！”乔治喊道，“这比重返大气层还要令人恼火。”乔治被玻尔兹曼扛在肩上向前飞奔，他被吓坏了，摇晃着，撞得很厉害。但是玻尔兹曼并未注意到这一情况。他所有的注意力都放在了阳光照射下的拾荒机器人身上。

但即使是倒挂着，乔治也能看清楚他们正在一个荒芜的地方奔跑，这里没有任何生命的迹象。“为什么这里没有人？”他向玻尔兹曼喊道，“道路、房屋和农场都去哪儿啦？人们都去哪儿啦？”

“我不知道。”机器人回答说，“这里一定发生了什么，然后赶

走了——”

他突然停了下来，乔治猛地撞到了他的金属后背上。“哎呀！”乔治抱怨道，“好疼！”

“嘘！”玻尔兹曼说，“前面的机器人，我不喜欢他们的样子！”

乔治抬起头来，看见前面有大型的黑色弧形机器人，像甲虫一样横穿沙漠。他们似乎是朝着乔治和玻尔兹曼所处的方向，朝着之前宇宙飞船所处的位置走去。

“他们在干什么？”乔治问，如果他还没有被倒挂的话，那么当他看到这些可怕的机器人故意横穿沙漠时，一定会被吓得头发都竖起来的。

玻尔兹曼把他放到地上。

“不知道，”玻尔兹曼说，“我猜他们是在保护这个地方。看上去像机器人巡逻。”

“出于什么目的？”乔治摇摇晃晃地站起来问，“为什么这片空旷的沙漠需要守卫？”

远处，巡逻的机器人在热乎乎的雾霭中闪闪发光，它们在灰尘中奔跑。

“他们一定是发现我们着陆了，”玻尔兹曼平静地说，“他们是去调查的。”

“他们会发现什么吗？”乔治问，尽管很热但他还是有点发抖。

“没什么，”玻尔兹曼说，“那些拾荒机器人现在可能已经把“阿尔忒弥斯号”的所有痕迹都清空了。”

巡逻队向远处移动。

“我们走吧。”玻尔兹曼说着又把乔治抱起来。

乔治挂在玻尔兹曼的肩膀上，开始感到非常不舒服。他一直生活在宇宙飞船里，船内没有重力；现在，回到地球的重力环境中，被玻尔兹曼扛在肩上快速移动——回到家却什么都不认识——这是一种劳心费神、作呕难受的经历。他根本没办法清醒，所以他的脑子只能去适应玻尔兹曼沉重的步伐。

但是，就在乔治快要习惯的时候，玻尔兹曼把他那巨大的金属头颅扭转 180 度，回头看了看。然后他就加速了，不过仍然看着后面。

“怎么了？”乔治喊道。

“他们发现了我们，”玻尔兹曼说，“巡逻队，而且他们在追我们。”

玻尔兹曼现在走得越来越快了，乔治随着他的大步子在他肩上起伏，尘土从干燥的地面不断涌上来。

“我们需要找个藏身之处，”玻尔兹曼说，“我们有危险。”

“你能找着吗？”乔治说。目之所及只有一片空旷的土地，一直延伸到地平线。

“找不到，”玻尔兹曼说，他的眼睛仍然盯着他身后的巡逻机器人，“他们越来越近了。”

乔治抬起头来指向远处，“那是什么？看！在那儿！”一团尘云正穿过沙漠，表明有什么东西或有人正朝着他们高速行进。

“我的头卡住了！”玻尔兹曼听上去有一种前所未有的恐慌，因为他意识到自己不能把头转过来面向前方，“我看不到你指的地方。”

“停！”乔治喊道，“把我放下来。”

玻尔兹曼把乔治放到地上，把头往后转使它正对前方。这时，

乔治凝视着迎面而来的尘云。玻尔兹曼觉得他能够辨别出其内部的形状。

“我一定是弄错了。”他暗自思忖，“我一定是在做梦！”尘云继续向他们飞来，乔治伸出手来打招呼，正如他在狐桥老家的街道上所做的那样。尘埃云停止了，目标物出现在眼前。

那是一辆校车。在这片沙漠中央，在炽热的混沌的天空下，停着一辆非常普通的黄色校车。

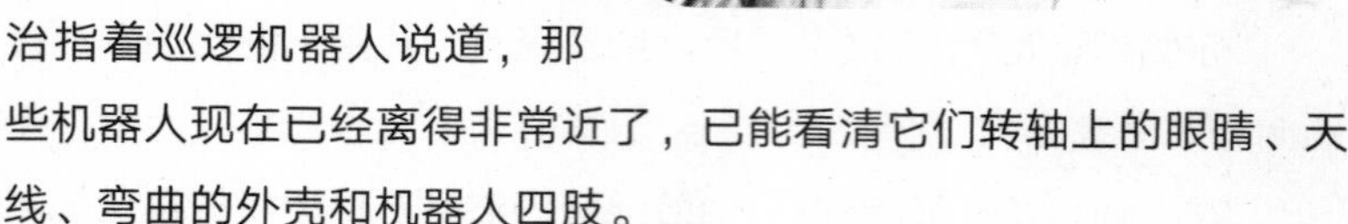

门开了。

“快点，”乔治说，他已经一只脚跨上台阶了。玻尔兹曼还在犹豫。“进来。”

“我不知道，”机器人不安地说，“你确定吗？”

“你想被他们抓住吗？”乔治指着巡逻机器人说道，那些机器人现在已经离得非常近了，已能看清它们转轴上的眼睛、天线、弯曲的外壳和机器人四肢。

“不想，谢谢！”玻尔兹曼说着，紧随其后跳上校车。车门在他们身后砰的一声关上了，校车以极快的速度开走了。

乔治环顾四周，令他惊讶的是，他看到校车上挤满了小孩，都戴着大耳机，似乎沉迷在自己的世界里。他们都没有注意到停车或是上来新乘客。每个孩子旁边都坐着一个机器人，但他们不像玻尔兹曼——一个庞然大物。这些机器人是完全不同的类型，每一个都显然是为匹配主人个性而量身定制的。

有一个可爱的猫咪脸机器人坐在一个穿粉红色衣服的小女孩旁边。一个看起来运动风的男孩子有一个赛车机器人。在后面，一个扎着黑色马尾辫的大女孩旁边坐着一个表情严肃、带着一副沉重的框架眼镜的机器人。令乔治惊讶的是，没有人注意到他或玻尔兹曼。

或者只是他这样认为，他再看时便意识到戴眼镜的机器人似乎注意到了他。乔治心烦意乱，找了个空座位，示意玻尔兹曼坐在他旁边。他环顾了一下校车上的其他乘客。

"他们是上学的孩子！"

"他们似乎都有一个机器人。"玻尔兹曼赞许地说，"多么明智！事情正在好转！我们的计划是什么？"

"这辆校车一定要去某个地方，"乔治进一步说道，"而且，因为这里都是孩子，所以一定是去某个受欢迎的地方，对吧？"

"对！"玻尔兹曼心不在焉地表示赞同。他向窗外的巡逻机器人挥手，他们愤怒地敲打着车身侧面。

"他们看上去不太高兴。"乔治说。

"我认为开心不是他们的主要目的。"玻尔兹曼自鸣得意道，"毕竟，不是每个机器人都能成为像我这么好的机器人。"

但是，当校车加速时，那些机器人突然停住，好像撞到了一堵无形的墙。他们慢慢转身，开始朝着原来的方向走回去，没有回头看一眼校车。

"他们为什么停下来？"乔治问。

玻尔兹曼回答道："他们看上去好像接到了命令。"他俩转过身来。戴着沉重框架眼镜的机器人似乎正盯着窗外机器人的方向。"至少他们离开了我们。我们现在该怎么办？"

“如果我们跟这拨儿人在一起，”乔治小声说，“也许我们会找到去狐桥的路，然后我们就能给我的家人一个惊喜，一切再次恢复正常……”他逐渐沉默了，某些事情表明要恢复“正常”还有很长的路要走。

作为车上唯一没有戴大耳机的乘客，乔治和玻尔兹曼静静凝视着车窗外沿途的景色。他俩似乎都去到了一个无言的地方。可怕的风景，沉默寡言的孩子，奇怪的机器人，乔治甚至觉得连空气都与之格格不入，自己不禁泪水涟涟。

这真的是家吗？这真的是他在太空睡觉时梦寐以求的地方吗？与此同时，他又开始感到害怕，真的很害怕，前所未有的害怕。恐惧渗透他的整个身体，就像冰饮穿透温暖的身体散播寒冷。乔治想，如果恐惧直达心脏，那它是否会在震惊、失望中冻僵，因而完全停止跳动。

“一切正常。”他自言自语道，“不要屈服于恐惧！表现正常，一切都会好起来的。”

车外，沙漠向四面八方绵延，只有低矮的小灌木丛和零星的植物散落在贫瘠的地表上。一些活物飞奔而来——一条巨大的黄蛇施展身手，试图抓住一只拥有皮制翅膀的飞行青蛙；一群老鼠脸的小猪则在校车旁边狂奔。

最后，他们前面的尘土中冒出了坚固的实体，校车来到了一组大门前，周围是高大的栅栏。校车驶近时大门便自动打开，乔治突然注意到一件事：校车没有司机。

“车上没有大人。”他向玻尔兹曼指出，“这不是有点奇怪吗？这些小孩子都在校车上，但没有人照顾他们。”

但玻尔兹曼可不是照料孩子的专家，也没什么烦扰。总之，他看到了更有趣的东西。

“看！”他说。

在这个沙漠中的高墙院落里，矗立着一排形状奇特的建筑，在灿烂的阳光下闪闪发光。在主建筑的入口，他们看到一个巨大的发光的 3D 标牌，它似乎独立悬空于门口上方。

标牌内容为“欢迎来到伊甸公司”。下面一行字是：所有潜在世界里最好的！

WELCOME TO THE EDEN CORPORATIO
ALL POSSIBLE WORLDS

第三章

“伊甸？”乔治说。校车明亮的车灯闪烁着。一看到伊甸公司，校车上的孩子们都不约而同地摘下了耳机并排队下车。“这就是迷你机器人说的。这是什么意思？”

“伊甸园。”玻尔兹曼站在他旁边说道，“据一些消息称，伊甸园是生命的起源。”

“为什么它说是‘所有潜在世界里最好的’？”乔治问道。这时，孩子们和他们的机器人排好队慢慢走进了大楼。“我们跟上去。”他悄悄说。

玻尔兹曼站起来，在这群孩子和他们的机器人中间有如鹤立鸡群。除了寻找可能帮助他们的人，或者至少能解释他们在哪里以及发生了什么的人外，乔治实在不知道还能怎么办 。

孩子们和他们的机器人依然是二列纵队依次前行，队伍最后面是那个扎马尾的大女孩和她的机器人，他们跟在后面。他们排队进入了一座美丽的穹顶建筑的中心。

“我们必须融入其中！”玻尔兹曼愉快地说。但事实上，他和乔治，衣冠不整，满身旅行污迹，面容憔悴，疲惫不堪，实在是不像这群干净整洁、举止优美的学童和他们古怪但整洁的机器人中的一

分子 。

“我认为我们不像他们中的一分子。”乔治困惑地说道，“尽管他们似乎根本没有注意到他们周围的一切，就好像我们压根儿就不存在。”

但他说得太快了。突然，那个大女孩和站在她旁边的戴眼镜的机器人，转过身来，看见了他们。她惊讶地盯着乔治，上下打量着他，好像他刚从天上掉下来一样——当然，他的确是刚从天上下来，只是她不知道罢了。

“抱歉！”她喊道。“请问你是谁？你在我们的学校旅行中做什么？哦，所有世界中最好的！”她用手掌拍了一下自己的前额。“这是两个问题。还有几邓普就接近我的极限了！”

乔治不知道她在说什么。他试图想出一些借口来解释他穿着宇航服和一个巨大的、烤焦的机器人在沙漠中所做的事情。但是他的脑子一片模糊，他不能想出什么借口，所以只好老实交代。

“我是……我是……”他回答说。

就在那时，女孩的机器人向前移动，在她耳边低语了什么。她的表情发生了变化。“哦哦哦！”她说，她的黑眼睛又圆又亮。她现在同情地看着乔治。“哦，我明白了！”

乔治感到更加困惑了。他抬头看了一眼，正对上女孩机器人的眼睛。这是他的想象还是戴眼镜的机器人给他眨了眼？

“我很抱歉。”女孩同情地说。“你真可怜！你失去了一切！我很抱歉。我的机器人说你是难民。”她说最后一句时声音极低。“而且我今天不能再问问题了，因为我今天已经达到提问的极限了。”

乔治失声了，但幸运的是玻尔兹曼并没有。他调动所有他新发

现的人类情感来配合。“是的，”这个又大又脏的机器人悲伤地说，“太难过了。”他听上去好像要哭了。

“你穿越了隔离墙？”女孩耳语道，“你是从‘另一边’来的？”她转向她的机器人说：“这不算是问题！”她语速很快。“是情况说明！”

玻尔兹曼勇敢地点了点头。“我不能说，”他叹了口气，用一根机器人手指轻敲鼻子，“那太痛苦了。”

“当然。”女孩匆匆地说道，“我再也不提了。欢迎！你现在在伊甸园就安全了。”

“这是所有潜在世界里最好的。”她的机器人平静地插话，乔治隐约觉得这话带着讽刺意味。“我想你会找到的。”

“你一定很勇敢。”女孩说着转向她的机器人。“我可以用明天的提问限额吗？拜托，我会很听话，明天什么也不问。”

机器人点点头。

“你是在沙漠里的一个秘密隔离设施中吗？”

“是的。”乔治恢复了声音。这不完全是谎言。他在太空中确实算是被隔离了。

“我看到你的机器人技术已经过时了，”女孩说，“真是一件博物馆藏品！”

玻尔兹曼做了个鬼脸，但什么也没说。

“哇，好吧，如果你注定是要来最好的这一边，那就没什么好害怕的了！”女孩说，“注意，因为你封锁了我们所有的渠道，我们对你知之甚少。你叫什么名字？”

“乔治。”乔治说，“那么你呢？”

“赫欧。”女孩说，“我的名字叫赫欧。”

“我妹妹叫赫拉。”乔治说。他在想他那两个淘气的双胞胎妹妹这会儿在哪儿呢。

赫欧看上去很困惑，重复道：“妹妹？”

但是那些小孩子们变得不安了，他们围着乔治和赫欧。他们摘下耳机紧紧地抱在胸前，仿佛那是他们最珍贵的财产。他们每个人的背上都有一个小容器，和乔治的没什么不同。现在他离他们那么近，他可以清楚地看到他们每个人都有面罩，面罩上还连着管子。

“你好！”一个小女孩对乔治笑着说，“你是谁？”

乔治听到他们中有人说话，感到如释重负。这让一切看起来并不那么奇怪。“我是乔治。”他说，“我们以前未曾见过。”

“那是你的机器人吗？”她指着玻尔兹曼问道，玻尔兹曼高耸在这个活跃的小团体中间。小女孩旁边站着一个小巧可爱的机器人，大眼睛，柔软的头发，表情丰富。

“是的。”乔治说。玻尔兹曼笑了笑，露出他那张“漂亮”的机器人脸。

“他看起来很恐怖。”小女孩吓得发抖，她的机器人立刻哭了起来。玻尔兹曼转过身去掩饰他的伤感。

“他是你的吗？”一个超活跃的小男孩跳到乔治跟前，指着玻尔兹曼问道。

“是的。”乔治点点头。

“哇，他真大！”男孩说。这个男孩也有一个机器人，但他的机器人似乎没什么幽默感。

“你的音量太大了，赫伯特。”机器人对男孩叨叨，“我要检查你

的血糖水平，并通知你的监护人。”

“哦，对……对不起……”孩子低声说，看上去很愧疚。

“谁是这里的实际负责人？”乔治问赫欧，“这里有成年人吗？”

“负责？”赫欧看上去很惊讶，“为什么我们需要一个成年人来负责？”

“你们的老师在哪里？”乔治问。

赫欧看上去很困惑：“我们都有自己的机器人，机器人与我们的监护人和学校保持着持续的联系。这就是我们所有的需求。我很惊讶它和‘另一边’不一样！”

“‘另一边’也是一样。”乔治不知道还能说什么，便附和道。

赫欧的机器人插嘴道：“‘另一边’与伊甸园有着惊人的相似之处，当然这两者在同一时刻是完全不同的。”

“嗯？”乔治说。

“我的意思是，从表面上看，‘另一边’和伊甸园似乎是两个完全不同的体制，但确切地讲，本质上它们是相同的。如果知之不甚，人们会认为它们是一模一样的。”机器人坚定地说道。

“人们，”乔治对机器人低声说，“在‘另一边’？”

“和在这里一样，”赫欧的机器人说，“完全自由。就像在伊甸园一样。”

“哦。”乔治现在知道他觉得机器人语气中暗含讽刺是自己想多了。

他们站在黑暗空旷的圆形区域，这时听到了一些声音。

“欢迎来到伊甸园，‘泡泡’的未来领袖。你们来到这里是为了完成一项关于伟大栖息地地球的教育模块。现在，你将要体验个性化

的热带雨林教育，热带雨林是曾经覆盖地球三分之一的生态系统，但现在已经消失了。我们在这里为你们重现了热带雨林中的生物多样性！”

“什么？”乔治对玻尔兹曼说，“为什么热带雨林已经消失了？”

玻尔兹曼示意乔治抬起头来。

随着玻尔兹曼手指的方向，乔治看到了那片天花板的地方出现了高大的热带树木，灯光从树冠中洒下来，在风中摇曳。接着往下看，长尾巴的猴子在茂密的树丛中跳跃，互相嬉闹。当他俯视地面时，他看到地上长满了长长的树根、苔藓的植物、卷曲的蕨类植物、捕蝇草和奇形怪状的真菌类植物。乔治伸出一只手去抓一株食肉植物，它猛咬着他的手指，仿佛要把他吃掉。当他这样做的时候，他看到一只机器人的手从一个孩子身上揪下一绺头发。

他转过身来，但那纤细的机械手瞬间就消失了。

“小心！”玻尔兹曼说，一只长着鲜艳喙的鸟朝他们扑来，扑到他们的脸上。

“那边！”乔治看到一张长得像猫的黑脸，正透过盘根错节的树根缝隙凝视着他们。

“不，那边！”玻尔兹曼指着远处一只巨大的银色灵长类动物，它一边抓耳朵一边警惕地盯着他们。

“这是什么？！”乔治说，“这些是真的吗？”

“我猜不是，这一定是沉浸式虚拟现实，”玻尔兹曼说，但随着掠食者对他们越来越感兴趣，他和乔治靠得越来越近了。他们开始后退，这时一只美洲狮偷偷靠近了一点，眯起眼睛，好像在判断能使人致命的跳跃距离。当玻尔兹曼和乔治再次后退一步时，他们跳

进了身后的某个东西，这是使乔治感到温暖而活跃的东西，使他们两个都释放出——

尖叫！

“你介意，”赫欧说，“放开我吗？”玻尔兹曼和乔治尴尬地挪开脚，让赫欧抽身离开，这时他们周围的场景变成了蓝色而不是绿色。

“这个，”那个声音说，“是大堡礁！这是远古世界的奇迹之一，曾是生活在这神奇的珊瑚丛中的数百万生物的家园。可悲的是，在所有潜在世界里最好的世界里，在海洋沸腾之后，我们不得不向游客关闭大堡礁的游览。但是我们可以让你看到这个美丽的海洋环

境，而你甚至都不用把脚趾打湿！我们知道你们的守护机器人不喜欢这样！呵呵，呵呵。”声音发出阴森的笑声。

“哦！”有些孩子发出渴望的声音，好像把脚趾弄湿才是他们最想要的。但他们很快就分心了，因为巨大的鲨鱼在他们头顶横冲直撞，五颜六色的鱼在他们周围游来游去。

“在伊甸园，”声音继续道，“我们经常被问道——你们是如何使我们赖以生存的营养产品如此美味的？好吧，现在就可以揭晓我们的秘密了。”

场景变换成了一个美丽的山谷，这里有穗粒饱满的金色麦田，

与之毗邻的是硕果累累的果园，地上长满了看上去就很健康的蔬菜。乔治回想起他父亲的花园。那里到处都是蔬菜和水果，还有杂草、昆虫、鸟儿、肥堆、儿童玩具、乔治的树屋和他的宠物猪弗雷迪曾经住过的旧猪圈。那个花园是真实的，充满了生机与活力，不像这幅图，它就像孩子的图画书，描绘了一个农场应该是什么样子。乔治想，他必须尽快找到他的父母和安妮。离开这个奇怪的装置，然后事情会渐渐好起来。

但就在那时，乔治感觉到他旁边的那个孩子跳了一下。他往下看，看到一根看起来很细的针附着在一只机器手的末端，它立刻就飞走了。如果不是因为孩子手背上的一个小记号，他可能会认为那只是他想象中的场景。当他环顾四周时，他看到其他孩子也发生了同样的事情——一绺头发被拔出来，一根针在几秒钟内刺穿了他们的皮肤。他们中的大多数人都被眼前所见之景给迷住了，竟然都没有注意到。

“我们只在地球上最纯净的地方种植产品！”评论滔滔不绝，“在最自然的条件下，我们美妙的伊甸园营养补充剂都来自新鲜可口的食物，那是我们带着爱和关心种植出来的作物。它们依靠纯净的水和阳光生长！这就是它们所需，也解释了为何它们如此美味。孩子们，请记住，在所有潜在世界里最好的地方，我们提供全世界的食品生产，以确保你们有优质、干净、营养丰富的食物来维生！”

农业用地逐渐变成了一片冰雪覆盖的土地景观，巨大的淡蓝色冰川高耸在碧绿的海面上。

“这个，”声音继续道，“是极地冰盖融化之前的事。如你所见，对人类来说住在那里实在太冷了，冰盖阻止了许多冰下资源的勘

探，所以这真的是一个巨大的空间浪费。但是现在，由于伊甸园在大混乱之后取得了巨大的进展，整个地区都得到了开发利用。"

乔治惊出了声，捏住了玻尔兹曼的胳膊。"这一切怎么会发生？我们在太空待了多久？"

"不知道。"玻尔兹曼不安地说，"当我们在太空时，我的时间记录设备发生了故障，我失去了对旅程的任何测量。"

声音还在继续："我们现在能够从地下开采有价值的矿物，创造更多的财富，并在其他方面取得巨大成就，这些都多亏了教授、爵士、上将、博士、尊敬的指挥官特雷利斯·邓普二世的积极政策才得以实现，阁下永生！最尊敬的阁下，地球上最好的公司——伊甸园的主席，伊甸真正的总统！感谢大家参加我们的教育体验！离开时请通过您的频道提交反馈表单。别忘了给我们一个五星评价！"

门开了，孩子们的机器人引导他们走出门去。一些孩子还想留在虚拟环境中，但他们的监护机器人坚决引导他们回到校车上。乔治和玻尔兹曼只是站在后面，想知道下一步该怎么做。

"快点，"赫欧说，"该走了。"

"是。"乔治匆匆道，"我们这就来，是吧，玻尔兹曼？我们要坐车去……"他停顿了。

"当然是'泡泡'啦，"赫欧说着做了一个奇怪的表情，"听着，别担心，我们一定会送你们回家的，对吧？"她望向自己的机器人，机器人点了点头。

"抱歉，你说我们要去哪里？"乔治问，他希望赫欧再重复一遍，他想再确认一下。

"泡泡。"她说，"我们要去'泡泡'。"

第四章

玻尔兹曼首先发问。“这个‘泡泡’，”他们爬上无人驾驶校车时他问道，“它曾经有过别的名字吗？”他坐到赫欧的机器人旁边，赫欧和乔治坐在前面一排。

“哦，有的！”赫欧说，“很久以前，在大裂变之前，它被称为狐桥。好傻的名字！”

“狐桥！”乔治的头发都竖起来了。“狐桥！”他能做的只有不断重复这个名字。他脑海中闪现出家乡的景象：令人愉悦的鹅卵石街道、杂乱无章的店面、摆满黏糊糊的切尔西螺旋形果子面包的面包店、撑着条纹凉篷卖农产品的小市场、小孩子玩耍的小公园、大学里宏伟的老建筑、房屋之间属于他的狭窄小巷，还有一直通往河边的后花园。这些都是怎么变成“泡泡”的？

“我们离狐桥有多远——我的意思是，‘泡泡’？”玻尔兹曼问道。

“大约三十邓普。”赫欧说。

“三十邓普？”乔治问，“什么意思？”

“邓普是一个时间单位。”赫欧吃惊地说，“你怎么能不知道呢？也可以是距离单位。一邓普米是一邓普旅行的距离。”

“那么一邓普是多长？”乔治问。

“一个伊甸园公民理想的注意力跨度。”赫欧很有见地地回答道。

“那是多长？”

“嗯，我们已经交谈了大约半个邓普了！”她说。

“这有点短，不是吗？”乔治有些惊慌。

“我知道。”赫欧生气了，“我总是惹麻烦，因为我的注意力跨度有好多邓普长，太长了。我一直想把它改短，但它似乎从不想往下降。”她噘起嘴。“那——还有这些问题！我真希望我能停止提问，但在我阻止它们之前，它们就从我的脑子里跳出来了。”她愁眉苦脸地说道，“这使我的分数下降。”

“问问题是好事！”乔治说，“为什么会使你的分数下降呢？”

但赫欧只是满怀疑虑地看着他，仿佛这是个陷阱，她知道自己最好别掉进去。

不过乔治决定他自己没有提问限制。“这里发生什么事了吗？”他问赫欧，校车正急速飞驰。“比如说去年？”对于乔治来说，太空旅行的时间太长了，但他认为最好给出一个较高的估计值，然后再往回算。“比如旱灾？”

“嗯，是的！”赫欧回答道，“但我们不称之为年。那太过时了。我们称之为太阳邓普。这里的确发生过一些事情，但不是上一个太阳邓普发生的！那是很久以前，我还没孵出之前。我大约是九太阳邓普！你一定听说过大裂变吧？”

“裂变？”乔治不安地问道。赫欧在说什么啊？

“你知道，”她用臂肘推了推他，“即使是在‘另一边’，他们也必须教你关于大裂变的事情——关于为何残余的世界必须被分成两半：一个是伊甸园，一个是‘另一边’。‘泡泡’在伊甸园。无论你从哪里

来，都是来自‘另一边’。”

乔治感到震惊。世界残余的部分？赫欧的机器人给了他一点启发。

“我能插嘴吗？”他说。

“乔治，这是我的机器人九天。”赫欧介绍道。听上去不那么激动了，“你如果愿意的话，也可以叫他天天。”

“我宁愿你不愿意。”机器人发话了，“我就喜欢我的全名。”

“别听他的，”赫欧说，“我这机器人就这脾气！每个人，是每个人，都叫他天天。我称他为天天没用的人。”

“太丢人了，”机器人叹了口气，“管他呢，如果你答应的话就无所谓啦。”他从他们背后用傻笑的语气说道，“大裂变是一个历史事件，它的伟大和巨变将被永远铭记。”

“嗯，到底发生了什么？”乔治问。他们从地球广播中听到的巨大的解释的声音又浮现在脑海中。当然不是。不可能……

“在气候变化和其他环境问题造成的一系列灾难之后，地球各国陷入了可怕的毁灭性战争，彼此针锋相对，刀枪相见。”机器人说道，他现在听上去非常严肃，眼睛一闪一闪的。乔治转过身来，惊恐地注视着玻尔兹曼。玻尔兹曼伸出一只机器人的手抱住乔治的肩膀，因为此时乔治被吓得摇摇晃晃。

“这场战争持续了多久？”乔治低声问，他心想肯定持续了几十年，因而才造成了如此大的破坏。

“大约两分半钟，”机器人回答，“数百万人死亡，房屋被毁，整个栖息地被摧毁。人类文明倒退了几千年。这些武器对这个星球表面造成了毁灭性的破坏。有毒气体涌入大气。海洋沸腾，森林燃烧，

冰盖融化。现在世界上很多地方都不适合居住。”

乔治觉得喘不过气来，就好像机器人在他肚子上打了一拳。他闭上眼睛。这一会儿，他像一个非常小的孩子，认为如果他看不见，事情就不会真的发生。但是，当他再次睁开眼睛时，世界并没有变回他记忆中的模样。在这个陌生的新世界里，他仍然和一个女孩以及她的机器人坐在校车上，背后坐的是自己烧焦的金属伙伴玻尔兹曼。

他不是唯一感到震惊的人。赫欧似乎也对她的机器人所言大吃一惊，和乔治一样。

“不对！”她激动地说，“你刚才所说的并不是我们了解到的大裂变！我们学到的是这是一件好事，因为是它导致了伊甸园的建立，以及愿邓普二世永生，是他解放了全人类！”

“当然，”她的机器人不假思索地赞同道，“大裂变是人类和机器人美好未来的转折点，现在我们在天堂般的伊甸园中感受这一切。大裂变意味着世界人民不再希望由政治家和专家领导，因此他们选出了两位领袖来分别管理两个公司——各自半个世界，或是残余的世界。当然，每一家公司都已经掌握了巨大的权力，拥有巨大的利润，并且被灌输了引领世界陷入冲突的思想。现在，随着大裂变，这两家公司同意进行资产分割。”

“世界是由公司经营的？”乔治问，“而且只有两家？”

“是的，只有两个。”机器人说，“好吧，还有一个不结盟区拒绝了企业的智慧。但我们不谈论他们，他们不是很好。”

“不好？”乔治想，“‘美好’和什么有关？”

“那它是如何运作的？”他渴望对这个他坠机着陆的世界有更多

的了解。

“哦，非常明智，”机器人说。“非常有效。政府和公司是同一回事，所以无论是政府还是特雷利斯·邓普二世（愿他永生！）的领导，他也是伊甸公司的负责人，都是人民利益至上。伊甸公司会证明这一点。这样人们就有机会购买它，并将其添加到他们的消费债务中。我们不称公民了，我们称之为消费者。”这辆巴士在崎岖不平的地面上减速，现在再次在尘埃云中向前飞奔。

“特雷利斯·邓普二世之前是谁在统治世界？”乔治问。

“当然是特雷利斯·邓普一世，”机器人回答道，“还能有谁？”

“但是，如果当时是他统治的话，不就是他造成大裂变的吗？那么特雷利斯·邓普二世又是怎么以伊甸园来结束这场巨变的呢？”

“特雷利斯·邓普二世在大裂变之前与他父亲密切合作，但是，当一致同意分开时，他觉得这是人民的意愿，人民希望他从父亲手中全权接手。”机器人耐心地解释说，“是特雷利斯·邓普二世，愿他永生！是他卓有远见地带领着我们走向光明的未来，正如今天我们所见，他发展了伊甸园。如今的伊甸园就是感谢他明智、公开、包容的法则的一个标志。关于伊甸园，你只需要记住这些。”

乔治没法子一下子消化这么多信息。他转过身来，狠狠地盯着窗外，想把这些碎片拼凑在一起，直到能捋出些思路。要解释这一切还缺少点什么，但究竟是少点什么呢？

玻尔兹曼俯下身来。“我想他们可能发现了什么。”他指着巡逻机器人，他们朝伊甸公司跑去，弹片飘在空中。九天也注意到了，他怒视着窗外的巡逻机器人，似乎使它们停住了脚步，丢掉了那艘宇宙飞船的碎片，慢慢地走开了。

现在巴士上所有的孩子都戴着耳机——除了乔治和赫欧。

乔治脑子里正在酝酿着什么。在太空旅行中发生的一切一直困扰着他。时间，一切都是关于时间。他们不知道具体时间，也不知道时间过得有多快。他们曾穿越太空，但不知道航行了多长时间。他们是否也经历过时间的流逝？如果“阿尔忒弥斯号”是某种时间飞船？

乔治瘫倒在座位上。在他旁边，赫欧散开了她的黑色马尾辫，然后拿出一副亮红色的护目镜戴在头上。她开始左右摇晃。乔治戳了她一下，她几乎从座位上跳了起来。

“干吗？”她生气地说，摘下护目镜。“太粗鲁了！”

“你在干什么？”乔治问。

赫欧惊讶得合不拢嘴。“你是说，你不知道？”

“当然不知道。”乔治说。

“我在做作业！”赫欧说，“我必须在回家的路上做完。”

“但是你没有书和纸！”乔治说，“甚至连可以点击的屏幕也没有。”

“书？纸？接下来你会问我笔吧！”

“赫欧，”乔治悄声说，“现在是哪一年？”

“哪一年？”赫欧惊讶地说，“好吧，现在是 40 年。”她拿起护目镜，准备戴上。

“她是什么意思，40 年？”乔治看向九天问道。“当我离开……嗯，地球的时候”——最后这一个词他说得很小声，只有机器人能听到——那是 2018 年。所以它一定还是 20×× 年。

“不，”机器人打断他，“大裂变之后，时间被重置，随后特雷利斯·邓普从他父亲手中接手，带领我们走向新的繁荣。这是由我们仁慈的领袖——伊甸园和另一边的领袖共同决定的。你从哪里来？”机器人刻意强调了最后一句话，“他们决定时间本身必须成为政权的主题。因此，时间被重新设定，这标志着辉煌的邓普二世时期的开始。”

“看，我真的要回到我的虚拟现实记忆宫殿了，”赫欧抱怨道，“记录显示我已经开始了课程，但中途离开了，所以如果我没有完成，我会得到更低的分数。我不能冒这个险，否则……”她咬着嘴唇，看上去很担心。

“否则怎么样？”乔治问。

但她已经消失在一个虚拟的世界里，在那里他无法跟随她。

乔治用眼角余光瞥见赫欧的机器人在摇头，但当他转过头来仔细打量九天时，他又故意把目光挪开。

车上的其他人仍然头戴耳机，沉浸在自己的个人世界里，乔治猜他们做作业的同时也在漫游虚拟现实记忆宫殿。他无事可做，只好望向窗外。眼前是令人沮丧的景象，除了沙漠什么也看不见。汽车以稳定的速度行驶，周围的灌木丛忍受着狂风的吹打。

“玻茨！”乔治在他肩上呻吟，“我们接下来该怎么办？我们怎样才能找到我的家人？安妮，埃里克，他们都在哪里？我们又在哪里？”

此刻，他们的车经过一排废弃房屋的残骸。乔治望着大楼空荡荡的窗户，黯然神伤——没有房顶和房门，没办法住人。前面几所房子的后面，乔治觉得他看到远处有一两个巡逻机器人，正以奇怪的侧身动作穿过开阔的乡村。

“我不知道，”玻尔兹曼悲伤地说，“我无法连接到任何形式的网络，我无法更新当前数据。”他停顿了一下，“我建议你把宇航服脱掉，因为我认为我们要去的地方用不上宇航服。我觉得可以把它留在这辆车上。”

“哦，对。”乔治说。这很明智，特别是如果他想融入其中，找到更多关于发生了什么的线索的话。他挣扎着脱下宇航服，把它藏在一个座位下面。他里面穿着短裤和T恤。

他跪在座位上转过身来和他的机器人悄悄说话。是时候跟他说自己的想法了。“玻茨，我一直在思考——时间，当你走得很快的时候，时间是如何变慢的。”他悄声说。他瞥了一眼赫欧的机器人，

它似乎已经自动关闭了。

“啊，”玻尔兹曼机智地回答，“时间膨胀。爱因斯坦在相对论方面的巨大成就，是 20 世纪最令人惊奇的发现之一。”

“我们不能回到过去。好吧，至少我们以为我们不能……”

“对。”玻尔兹曼说。

“但我们可以跳到未来。当你移动非常非常快时，时间就过得很慢很慢。所以，如果我们在‘阿尔忒弥斯号’上飞行得足够快，那么我们在宇宙飞船上的一小段时间在地球上可能就会很长很长，不是吗？”

玻尔兹曼叹了口气，“我自己也曾得出过这个结论。”他说。

“你认为玉衡是这样给‘阿尔忒弥斯号’编程的吗？”乔治说，“一直以来，他从未打算穿越太阳系去寻找生命？相反，他打算带着一群非常聪明的孩子作为他的军队进入未来？”

“正是我主人考虑的问题，”玻尔兹曼冷冷地说，“很抱歉我说一些可能会发生的情况。即使你认为你彻底打败了他，我也担心他反而会笑到最后，把我们送去未来。”

“我希望，”乔治说，“你会说我已经完全解决了，我们不会再出现在未来了。”

“哦，我们可能出现在未来，”玻尔兹曼说，“我必须告诉你，我此刻的情绪非常复杂，以至于我希望我还是那个完全没有知觉的东西，从而避免这些复杂的情绪困扰。”

就在这时，巴士来了个急刹车，乔治差点儿飞出去。最终他们似乎到了某个看起来像巨大的半透明泡泡的地方，在外面排队等候。

赫欧一把摘掉护目镜。“好了，我做完了！”她说，“刚好赶上！我可不能搞砸了我的分数，不是现在，我最后一次机会……”其他孩子也都摘下了护目镜。

“我们在哪里？”乔治爬回座位时问她。

“我们到了！”赫欧说，“到‘泡泡’了，我们就只等车子通过扫描就能进去。”

“这就是了，”乔治说。“未来的狐桥。我来到了正确的地方，但时间不对。”

第五章

当巴士驶入“泡泡”时，乔治的眼睛瞪得几乎快要掉出来了。如果外面是沙漠，那么里面就是天堂。它太美了：到处都是五颜六色的花、棕榈树、奇异的鸟儿和巨大的蝴蝶。他们驱车穿过潮湿的空气，周围是茂盛的绿色植物还有水珠，云层聚集在他们的头顶。

“这些是真的吗？”他指了指一大群从车窗外飞过的漂亮的红黑蝴蝶，这会儿车行驶得缓慢而谨慎。

“当然是真的！”赫欧说，“你不知道吗？‘泡泡’是一个环境模型——这是一个试验，看看所有城市是否都能像它一样。它是全世界上最美的！”

乔治把脸贴在车窗上，希望能认出些什么来，但这和他离开前的狐桥完全不同。这里没有他记忆中那座他出生于斯

的老式大学城的一丝痕迹。

“这里很暖和，”他说，“这是实验的一部分吗？”

“不，”赫欧看上去有些困惑，“通常不会这么热。我不懂。生物圈的作用是在气温升高时自动调节使其降温。”

“这个实验是什么时候开始的？”乔治问赫欧。

“在我存在之前，”她说。“大裂变之后，老狐桥被毁了，重建成为现在的模样！”

“毁灭了？”尽管这已经很明显，乔治问道，“在战争中？”

“不完全是。”赫欧严肃地说，“在大裂变之前，老狐桥是叛军战斗的中心，因此它遭到了破坏。后来，我们的领导人把它建成了世界上最美丽的地方，但只允许孩子住在这里。”

叛军战斗？“那些叛军是谁？”乔治问。他胃里翻江倒海地难受。

“对事情有着有趣想法的人们。”赫欧神秘地说。

“什么事？”乔治说。有着有趣想法的人听起来就像他的父母，还有他的邻居科学家埃里克和他的女儿安妮。可惜他不能想象他们是叛军战士。接下来赫欧的话更令人难受了。

“就像有关气候变化的假新闻，”赫欧说，“和假新闻科学一样。特雷利斯·邓普（阁下永生）必须改变这一切，确保人们能够自由，而不是被专家和科学家们指手画脚，告诉他们该怎么做。”

“但确曾有气候问题！”乔治抗议道。他的父母都是有奉献精神的生态战士，科学家埃里克从不会错过任何一次关于地球未来的即兴讲座。当埃里克和乔治的父母初次见面时，他们似乎站在不同的立场——乔治的父母把地球上的问题归咎于科技；埃里克最爱科学

并坚信科学可以拯救人类。最终他们意识到虽然观点不同，但是初衷是一致的。安妮和乔治这两个朋友，让他们的父母意识到，即使他们不曾在所有问题上达成完全一致，但是大家也需要共同努力来应对全球挑战。

“别吓唬我，没有！”赫欧喊道，“大裂变造成了一些问题，但现在已经解决了。总之，这就是我们在天气模块所学到的。”

乔治目瞪口呆地看着她。他们刚进入一个生物圈中的沙漠，赫欧认为气候变化不是真的。他又往窗外看了看。这辆巴士现在正沿着有趣的球形房屋间的小街颠簸前行，前花园里种了棕榈树，灌木也开出五颜六色的花儿来。它没有一点儿像乔治熟悉的狐桥。

“为什么房子是圆的？”他问赫欧。

“当然，因为它们是充气的。”她说，“有点像气球。这使得它们具有很强的可移动性。你只要把房子放掉气，然后带到一个新的地方。我的监护人说，在过去，房子只能待在一个地方！”她哈哈大笑。

在过去，乔治想，过去……

这时，一个小朋友们的代表团来到了赫欧面前。她看起来似乎更像是个孩儿头。小朋友们对她耳语，然后跑回座位上去。

她转向乔治，“小朋友们说你真的很不友好。”她说。

“什么？怎么不友好了？”乔治说。

“他们无法进入你的思想流，”赫欧说，“所以他们认为你不喜欢他们。”

“我的什么？”乔治说，“我的思想流？为什么我要让别人洞悉我的想法？”

“这就是我们在这里所做的事情，”赫欧温和地说，“我想这和‘另一边’有所不同，但在这里，当你和朋友在一起或在一个团队中时，你必须让别人能够接近你的思想流，否则别人会认为你很粗鲁，而实际上你并非如此，所以不要让小朋友们觉得你不友好。”

“啊！”乔治说。他环顾四周看了看玻尔兹曼，耸了耸肩。他随即说道，“你能不能告诉小朋友们我的思想流和他们的思想流不相容，因为我来自‘另一边’。一旦我启动并运行思想流，我会很高兴和他们一起思考。”

“哦！”赫欧说，“当然！我会用我的思想告诉他们。”几分钟后，孩子们又满脸笑容地跑到赫欧面前。他们拍了拍乔治，仿佛他是一只可怜的老狗，他们很同情他，然后跳回到自己的座位上去。

“他们很安静！”乔治对赫欧说。他还记得自己的小妹妹们，她们的吵闹声能盖过整个体育场。

“他们不是这样的！”赫欧喊道。

“他们一点儿声音都没有。”乔治说。

“切！”赫欧说，“你不明白他们的想法！也许是个好主意——你再也不会有片刻的安宁了。”

“你如何接收这些思想流？”乔治好奇地问。

“当然是通过你脑内的电脑芯片了！”赫欧说。

玻尔兹曼咳了咳嗽，机智地打断了对话。“我们到底要去哪里？”生锈的旧机器人问，“我们的目的地是哪里？”

“我们，”赫欧指着自己和其他孩子说，“要回家了。你没有家吗？”

“我家曾在老狐桥。”乔治悲伤地说，不知道他是否会再见到它

或是他的家人。

赫欧看上去很困惑。“你为什么老是说老狐桥？你为什么不谈谈‘另一边’呢？你接下来要去做什么？”

“我们不知道。有什么建议吗？”玻尔兹曼高兴地说，“现在，我们是无家可归的机器人和男孩。”

九天开口了，“我刚收到你监护人发来的最新消息！”他宣读道，“乔治和他的机器人现在就要到我们家来，直到你们能找到其他住处。”机器人朝乔治点点头。

赫欧看上去很惊讶但很高兴。“哦！”她说，“天天！以前从来没有过朋友到我家！”

“什么，从来没有？”乔治说。他和他最好的朋友安妮相识的时候，就去过对方家里。

“这不是伊甸园里维持友谊的方式，”赫欧的机器人巧妙地插话，“但赫欧的监护人告诉我，非常欢迎你们的到来。”

“谢谢你！”玻尔兹曼说。乔治一直沉默，直到玻尔兹曼戳了他一下。

“哦！谢谢你。”乔治说，但他还是忍不住有些怀疑地补充问道，“这位监护人是谁？”

“我的监护人是我的单位人。”赫欧清楚地解释道。

“你是说——你妈妈还是你爸爸？”乔治说。

“什么是妈妈或者爸爸？”一脸困惑的赫欧紧接着说道，“这不是问题！”

“好吧，他们是你的父母。”乔治说。

赫欧看起来还是一片茫然。

“带你来到这个世界上的人……”乔治不知道怎么说。

“嗯，出生？”赫欧说。

“伊甸园里的孩子是用经过检验的遗传物质孵化出来的，”九天说，“监护人是基因的捐献者之一。然后在理想状态下，在‘泡泡’的环境中，机器人不断监控，将极受欢迎的遗传物质培养出来，以排除人类培养过程中的任何缺陷。例如，赫欧是九太阳邓普前孵化出来的。”

乔治想起了他的父母，他和善、有趣、有点疯狂的父母。他想他宁愿忍受有瑕疵的父母也不愿意要一个机器人保姆！一天都不要！

“所有孩子都一样吗？”他问。

“不，”九天说，“孩子仍然可以通过古老的方式繁衍，但伊甸园热衷于取缔这种繁殖方式。那太不可靠了。”他咳了咳，好像有点尴尬。“那些在‘泡泡’里长大的孩子，比如赫欧，就没有被教导过这一点。”

乔治决定换个话题。“你的监护人是做什么的？”他问赫欧。

“哦，我的监护人有点无聊，就像他们告诉你的一样，”她承认，“他们总是谈论营养和分数，他们会得到你所有的在校成绩的记录，这样他们就知道你是否能进入奇迹学院。他们真的有点紧张。”

“你会吗？”乔治问，“你会进吗？”

“哦，是的！”赫欧说，但听起来她很紧张。“我知道这次我会成功。现在距离公布所有分数以及大家是否被录取只有几天时间了。我不知道为什么我以前没有进到那个地方，但这个太阳邓普我真的已经尽力了。这次我必须通过……”她担心了一小下，又立马高兴起来。“天天说我现在的分数很好，我肯定会去奇迹学院的。”

“我想，你是通过思想流发现的吧？”乔治问。

“对了！”赫欧说，“你的监护人率先发现。他们需要了解以便他们安排你过渡到奇迹学院。那是一个极神奇的地方，非常酷。顺便说一下，在这里不要说‘想象’，臆想是不好的。”

“想象力怎么了？”玻尔兹曼问道，“我认为这是人脑的一个重要特征，也是我们机器人永远无法与自然人类能力相匹配的原因之一。”

“反正别说就行了，”赫欧说，“想象力不是伊甸园里的事物。这不是我们要做的。”

“奇迹学院在哪里？”乔治为了换个话题问道。

“离伊甸园有几百邓普米，”赫欧说，“在你真正进去之前这是个秘密。”

“去奇迹学院的孩子们回家了吗？比如只是去度假吗？”

“嗯，不，”赫欧悲伤地说，“他们没有回来。我真的很喜欢那些去奇迹学院的‘泡泡’小孩。他们是我的好朋友。我们以前总是分享交流！后来他们都走了，我被留了下来，和那些更小的小朋友们一起。”她叹了口气，“我不明白为什么我要一直待在‘泡泡’里九个太阳邓普——但这可能是因为我总是停下来问问题。我的监护人是这么说的。”

乔治现在有了自己的问题。“难道你就不能和你在奇迹学院的朋友们共享思想流了吗？”

“不能，不允许那样。”赫欧说，“‘泡泡’的孩子不能和奇迹学院的学生交流。因此当你到达奇迹学院的时候会有所惊喜。如果我们提前知道了就会破坏了这份惊喜。”

乔治根本不相信这一点。这个神奇的地方有哪里不对劲，但在一个什么都不对劲的世界里，他无法指出奇迹学院比他所经历的其他事情更糟糕的地方。

“奇迹学院之后会发生什么？”

赫欧惊讶地看着他。“好吧，你必须还清你的债务！”她说，“我的账单已经很大了，因为我已经学习了太多。因此我希望我得到很好的分数，那么我就可以更快地还清债务了。”

“什么债务？”乔治问，“你才九岁！你有什么债？”

“你知道，”赫欧叹了口气，“我得为我呼吸过的空气、喝过的水买单。然后是我的教育、我的充气房子、所有维持我思想流的能量……”

“什、什、什么？”乔治说，“你为什么要为这些东西付钱？”

“因为我使用的资源属于伊甸园，”赫欧明确地说，“所以我必须通过努力工作来回报伊甸园。”

“要多久？”乔治问。

“我的余生！”赫欧说，仿佛答案显而易见。“可问题是，我永远没有办法真正付清，因为即使我在工作，我仍然会使用空气、水和其他东西，所以我将永远负债，无论我做什么……”

“你用什么支付他们？”乔治问。

“哎呀！”赫欧说，“当然是邓普令！”

“邓普令？”乔治说。

“一种数字货币单位，”九天说，“能够用于计算你的收入和支出。每年一次，在清算日，消费者会查出他们赚了多少钱，花了多少钱，以及他们欠伊甸园多少税钱。”

“那么，你赚的邓普令越多，你交的税就越多？”乔治试图弄清楚这个体系。

“不完全是，”九天说，“你赚的邓普令越多，你付的税就越少。”

“什么？”乔治惊奇地问，“这怎么能公平呢？”

“这是所有潜在世界中最好的，”机器人说，“但没有人说这是最公平的。我们现在必须停止这场对话。”

“为什么？”乔治在想是不是自己碰巧聊到了一个非法话题。

“因为，”九天简单地回答，“我们到了。”

第六章

赫欧家的房子和其他人的房子一样，是一排小穹顶建筑中的一个。乔治小心翼翼地走了进来——他以前去过很多奇怪的地方，但这冰屋形状的充气式房子还是蛮特别的，屋里并不比室外凉爽多少。也许因为现在全球变暖，再也没有地方能降到正常体感程度了。

赫欧在他前面飘来飘去，扔下书包，踢掉靴子，脱掉夹克。九天觉得她这样做不太好。

“我可不会收拾你的东西。”他说。

赫欧叹了口气。“为什么只有我的机器人不愿意为我做家务？”说着便回去把她所有的零碎收集起来，抱在怀里。她消失在中央圆形客厅外的一个房间里，两手空空地回来了。“别人的机器人都乐于为自己的人做任务。”她说道。

“我的不是。”乔治说。他已经决定，现在他只能顺其自然，直到他能想出下一步该做什么。

玻尔兹曼高兴地点点头，他承认道：“我就不会帮他把地板上的任何东西捡起来。”然后重重地坐在沙发上。这张沙发也是充气的，在玻尔兹曼的重压下吱吱作响，但没有胀破。

“你不能什么都拥有，”赫欧的机器人傲慢地说，“我是人类所

知的最智能、最强大的机器人。”乔治脑子里回响着这句耳熟的话。他曾经认识一个超级智能也说过这样的话。

“是，是，我知道，”赫欧说，“吧啦吧啦吧啦！‘泡泡’里的所有孩子都是特别的，所以我们必须有伊甸园指派给我们的特殊机器人。但是，老实说，我知道我的监护人在回收站找到了你，并重新利用了你，而不是像其他人一样给我一个新的、闪亮的、有用的机器人。”

“特别？”乔治说，“‘泡泡’里的所有孩子都很特别吗？”他的朋友安妮是他见过的最聪明的孩子。赫欧和安妮一样聪明吗？如果赫欧是如此特别，那为什么她看不到她所说的和她周围现实之间的

差距？

“我们被称为未来的领袖，”赫欧骄傲地说，“这意味着我们是被精心挑选出来继承伊甸园的未来的人。我们是精英。不过，我们要在很老很老之后才能够掌权。”她听起来像是在重复别人告诉她的事情。

“你为什么要等到那么老？”乔治问。

“这些孩子是伊甸园的花朵，”九天用一种非常中立的声音说，“因此，他们必须由最优秀的机器人来照顾。和种一棵橡树一样需要时间。”机器人神秘地回忆道。“实际上，最多九个太阳邓普。随后他们就必须离开‘泡泡’，因为我们所有的未来领袖都要去奇迹学院进行深造。培养我们的未来非常重要。”

赫欧没在听。她抱怨道：“我宁愿你帮我整理一下，也不愿意你继续培养或干什么。”

她瘫倒在乔治对面的沙发上。乔治注意到，当她这样做的时候，沙发的颜色变了，变成了美丽的海蓝色。在她头顶的墙上，突然出现了海浪拍打沙滩的绚丽景色，房间里响起了轻柔的音乐。

“真漂亮！”玻尔兹曼喊道。乔治瞬间感到很惊讶，这个巨大丑陋的机器人知道什么是“漂亮”。

“你是怎么做到的？”乔治看着他的沙发问道，他的沙发一直是不起眼的灰色阴影。

“做什么？”赫欧问，她甚至都没有注意到。

“你的沙发变色了！”乔治说，“还有音乐和图片！”

“哦，那个呀！”赫欧说，“这是一个智能房子，配有智能家具，它能读懂我的心情，改变我周围的环境。”

“这不会改变我的喜好。”玻尔兹曼抱怨道。乔治认为这可能是件好事——他不知道按照玻尔兹曼的喜好装修的房子会是什么样子，这会儿他也真的不想知道。

“很快就令人厌烦了。”赫欧承认道，“有时候我希望房子不要给我播放音乐，不要给我看照片。它从来没有真正做对过。我是说，你是不是觉得我喜怒无常？”

乔治感觉到有人在注视着他，他环顾四周，撞上了九天闪闪发光的眼睛注视他的目光。

他决定谈谈机器人的态度。“有什么问题吗？”

“你什么意思？”赫欧问。

乔治说：“当天天认为我没有在看的时候，他就一直望着我。”

“还有我。”玻尔兹曼感慨道，“他似乎对我连接机器人的尝试也无动于衷。”

“他就是那样。”赫欧表示赞同。“他的眼睛会在房间里跟着你转，我希望我的监护人能让我换个别的模型，但她不给换。”

机器人的目光没有闪烁。但不知怎的，乔治觉得他和玻尔兹曼的每一个细节都被仔细地记录下来，以备日后仔细审查。

“你该休息了。”这是九天对赫欧的唯一回答。

“你不需要吃晚饭吗？”乔治满怀希望地问。距他在“阿尔忒弥斯号”上的最后一顿脱水餐已经过去很久了。

“不需要。”赫欧惊讶地说，“我今天已经有了营养配给。但如果你想要的话，我们可以给你调一杯果昔，是吧，天天？”

“是的，”乔治慢慢地说，“我想要杯果昔。然后我想玻尔兹曼和我就可以去睡觉了，如果你不介意的话。”他正不顾一切地想摆脱赫欧，有一段独处的时间。他看到，玻尔兹曼今晚将不再对他有用——这个又大又脏的机器人开始耗尽能量，需要充电。但是乔治，曾经穿越宇宙，在一艘速度极快的宇宙飞船上经历过巨大的时间膨胀，在旅行中只与家人和最好的朋友有过非常短暂的接触，现在他发现自己身处一个他完全不认识的世界，他需要时间去思考。

“好的。”九天说。乔治盯着他看了很久，只看到他微微一笑。

那天深夜，乔治被一个新来的人的声音吵醒了。他和玻尔兹曼裹着看上去像是锡箔纸的薄毯子蜷缩在两张沙发上。赫欧为乔治找了一件她的监护人的旧连衫裤，但她的监护人似乎没有名字。九天为乔治调制了一杯混合的胶状物，令乔治吃惊的是，这个东西尝起来很可口，他完全喝饱了，不饿也不渴了。

“我收到你的消息了。”新来的人低声对九天说。

玻尔兹曼正享受着九天安排的充电，这是为了让赫欧开心，因为她以前从未见过一个需要连接电源进行充电的私人机器人。所以玻尔兹曼完全没有反应，也不知道这个圆房子里发生了什么。

新来的显然是一个人——通过声音判断，应该是一个女人。

“通信屏蔽打开了吗？”她低声说。

“一如既往。自始至终，我在屋内做了一个伪供给，同时为你做了一个平行供给。目前表明你在虚拟现实的宿舍中非常放松，正在享受模拟世界。”

“真是松了一口气！”她咯咯笑了一下，听起来很兴奋。“这是我唯一一个可以自由思考的地方！我花了一整天的时间强迫自己像特雷利斯·邓普一样思考——”

“愿他永生。”机器人郑重地插嘴道。

“如果他继续接受药物治疗，他会的！”那女人回答说，“但当他对我大喊大叫说不要让阳光照得太暗，而我又不得不认为他无与伦比时，真让人觉得糟糕透了。你不知道这有多大压力！”

“好吧。”九天回答说，“我花了好几天时间从赫欧的供给中抹去那些可能引起伊甸园当局注意的东西。所以我认为我肯定知道。”

“是的，你是最忠实的守护者。”那女人叹了口气，“如果我没有追踪你到那个垃圾场去，我就永远也无法保证赫欧的安全，同时也无法深藏不露。我决不会选择带一个孩子到这里来。”

“你做得非常好。”机器人说，“我们就快结束了。只要事情进展得快一点，那么赫欧就可以离开‘泡泡’，进入一个你希望她生活其中的世界。但至少当局会认为，她在学习上很吃力，需要在这里待到被许可的最长时限。在此期间，我们能够帮助她成长，使她能够更好地面对未来的一切。”

“我们很接近了！我们马上就完成了。我父亲的计划——我们差点就要实现了。”那女人听起来欣喜若狂。

“这意味着现在是最危险的时候。”九天提醒她。“当局内部态度如何？”

“恐惧、可疑。没有人信任他人。他们又提高了威胁等级。”那个女人说，“我们已经从邓普处理变为邓普升级，再到邓普核级别。”

“正如赫欧即将九岁。”

“你是说九个太阳邓普吗？”那女人咯咯地笑着说。

“抱歉，部长。”九天严肃地说，但乔治觉得这是一个逗乐的笑话。

但那个女人没有笑，她刚刚注意到一些事情。

“那是，”她冷冷地说，“什么东西？”毫无疑问，乔治知道她刚刚穿过暗夜发现了充气小屋中的他和玻尔兹曼。

“哦，那是个男孩。”九天平静地说，“那是他的机器人。”

“一个男孩？”那女人说，口气中包含了一种能把太阳核子都冻僵的寒意，“他在这里干什么？”

乔治猜测，邀请他留下来的根本不是赫欧的监护人。他尽量不惊慌，屏住呼吸等待九天的回答。

“他是你的救世主。”九天说。

乔治松了口气。九天站在他的一边。

“抱歉，”那女人说，“我什么时候需要救世主了？”她听起来不太高兴。

“你女儿需要。”九天回答，“她的孵化日是后天，部长，因此你知道的，她必须离开‘泡泡’的时候到了。去想一想，她会在哪个超出我们保护范围的地方……或者，如果当局过于关注我们过去对于她潜力薄弱的造假，会把她送到一个我们再也联系不上她的工作单位。我们知道形势恶化的速度比我们想象得要快。外面比我们最初计划的时候危险得多，你女儿现在急需有人陪她去一个安全的地方。我们只有一次机会把她救出来——我们一定要一举成功。”

这对乔治来说是个新闻！他觉得天天（不管他叫什么名字吧）可以早点告诉他这一点。但那女人回话了，他很高兴天天冲在前线，

而用不着他自己去面对。

“是的！”那女人的声音中带着一种克制的爆发力，“那个人——或机器人——就是你！你要和赫欧一起离开‘泡泡’启程去奇迹学院！可是她永远不会到达，因为你会让交通工具转向前往不结盟地区的纳-赫阿尔巴，在那里你会为她申请庇护。与此同时，机器最终成功瓦解——”

“妮穆，”九天亲切地说，“……的女儿”

“闭嘴！”妮穆嘘声说，“你怎么不护送我的女儿！这就是计划。你为什么要回去？”

乔治从这件事上看出妮穆是一个值得注意的人物。他很庆幸初次见面，不是自己而是九天和她针锋相对。他只是顺其自然地飞越宇宙，不过现在看来似乎倒像是刻意来破坏她制订好的计划的。

“不要怕。”机器人说，“让我从头开始。”

那女人深吸了一口气，“这个男孩是从哪里来的？”

“过去。”九天说，“这个男孩来自过去。”

第七章

但如果九天认为这会有所帮助，他就大错特错了。

“过去？”妮穆像是发出一声无声尖叫，“什么过去？你疯了吗？你怎么知道的？”

“我曾目睹这个男孩出发。”九天说。

他有吗？乔治想。这个机器人是谁？当他和他忠诚的伙伴玻尔兹曼一起从 Kosmodrome 2 基站乘坐宇宙飞船起飞的那决定性的一天，有谁到过那里？九天是巡逻 Kosmodrome2 号的恶毒机器人之一的新一代吗？它在执行制造者玉衡天璇的命令？可能是……？

“他乘坐一艘名为‘阿尔忒弥斯号’的宇宙飞船，以令人难以置信的速度穿越宇宙。”九天继续说，“他在旧时代的 2018 年离开地球，按照他的时间记法，现在是 2081 年，但他没有变老，因为由于时间膨胀，他的旅程在太空上只花费了一点点时间。换句话说，这是一个来自大裂变之前的男孩。一个有天赋和勇气的男孩。正是我们需要的男孩。”

乔治最害怕的事情已经被证实了，他不知道是感到非常害怕，还是感到高兴，因为他把问题弄清楚了！或者，甚至对九天——不

管他是谁吧——对于自己的评价而感到开心。2081 年——也就是说，他比离开地球时老了 60 多岁！他现在应该 70 多岁了！他几乎尖叫出声。太老了！他爸爸多大了？他妈妈呢？他们还活着吗？他的姐妹们甚至都 60 多岁！当他最终找到他们时，他们都成了老妇人了。

“你叫他来的吗？从过去来？”那女人听上去不太相信，“那不可能！”

“可能。”九天说，“可我没有。他的旅行是由另一个可怕的人谋划的，那人不可能预见到自己所做的事情造成的后果。我只知道这个男孩的宇宙飞船的着陆点，但我并不知道具体时间。所以我只能等了。当我收到一个信号，有一块太空材料即将降落在‘Void’中，我抓住机会，那一定是他，随即坐着赫欧的校车去调查……”

乔治心想，这意味着九天一直在找他！他知道“阿尔忒弥斯号”和玉衡天璇。一直以来，乔治都希望有一个欢迎他的家庭招待他，结果却变成了沙漠里校车上的一个机器人。

“但是，如果你知道他在这里，那为什么其他人都不知道？”妮穆听起来很害怕。

“到目前为止，我已经设法减轻了人们对这一事件的怀疑，这件事看起来似乎只是一枚来自古代空间站的旧弹片从空中掉了下来。”

“这跟赫欧有什么关系？”她问，“你告诉我你已经找到了拯救赫欧的方法，现在你给我这个时间旅行者，这个宇宙移民，这个时代难民！你知道这一切有多严重违法吗？我们将被逮捕，并被指控犯有乌托邦杀人罪。”

乌托邦杀人？乔治心想。

幸运的是，九天给出了释义。

“是的，试图破坏伊甸园……”他说，“但这里并不是天堂。不管他们让你怎么说，这里没有人是真正自由的。”

“是的，谢谢，我非常清楚！”妮穆的声音里夹杂着愤怒和心碎。

“除非，”九天说，“为了他。”

“他？”妮穆看上去很困惑。

“那个男孩。我告诉过你，他来自过去，那个连接大裂变前的时代。”九天说，“大裂变之前。想想看。”

妮穆听上去有些理解了，“你不会是……”

“是的。”九天说，“他没有传感器，没有实时反馈，没有思想流；他不能被扫描、读取或跟踪。他是独一无二的——他可能是‘泡泡’里唯一可以自由走动的孩子。他不会触发任何警报。他可以直接穿过伊甸园公司的中心，甚至都没有人知道他在那里。这必须迅速完成——尽管我处置周全，但监控系统最终会找到我遗漏的东西。考虑到这一点，我们无论如何都得快点行动，我相信他能把赫欧救出来。他可以让计划真正实现——他可以带她去纳-赫阿尔巴。”

乔治很难保持平静。他们怎么能不问他就替他计划呢！如果他有其他的想法，比如寻找自己的家人，或者去一个纳什么赫之外的地方呢？他想说出来，但他也觉得他最好尽可能多地去听、去学。他可能会发现一些他们并不想当面告诉他的事情。

“他也认识她。”九天轻声说。

乔治摸不着头脑了。她？九天在说谁？

“她？”妮穆慢吞吞地说，声音里带着一种奇怪的口气，“他认识她？”乔治觉得她的声音听起来像是嫉妒。

“是的，他认识她。”一位朋友？乔治心里想。他没有太多朋友。

“他真幸运。”妮穆痛苦地说，“别告诉我，她喜欢他？”其间有短暂的停顿，九天一定是点了点头。然后她突然说，“她为什么不喜欢我？为什么？我们本来可以成为朋友的！”

“她从来没有过那样的机会。”九天说，“她怎么知道你在秘密工作呢？她一定认为你是这个政权的代理人，一个真正的政府部长。”

“那她一定认为我背叛了一切！”妮穆痛苦地喊道，“我背叛了他！”

“我会告诉她你没有。”九天说，他听上去有些莫名其妙的悲观。“当这个男孩把赫欧带到纳-赫阿尔巴的时候。”

现在乔治感觉自己到了绝望的边缘。他将要和一个小女孩穿越一个他不认识的国家，去到一个并不了解的有着奇怪名字的安全地带，那里只有一个他以前见过但却不知道名字的人。

“为什么是这个男孩？”妮穆问，“为什么不是你？”

“你自己说的——威胁级别今天又提高了，所以他们处于高度警惕状态。这个男孩带走赫欧，我留在这里为她的逃跑打掩护，尽我所能拖延时间，这样更好。如果赫欧和我被抓了，一个伊甸园部长的女儿与一个当局几十年来一直搜寻的超级智能机器人一起逃亡！最终会指向你，然后我们可能将永远失去机会。整个行动可能会失败。”

妮穆叹了口气，“你说得对。”她赞同道，“我不喜欢你的计划，但这是我们最大的希望。”

“这是我们唯一的希望。”九天说，“赫欧后天必须离开‘泡泡’。她别无选择。所以，如果你想让她离开伊甸园到一个安全的地方，

那就好好利用她一生中唯一的机会，这是我们必须做的。”

在那之后不久，妮穆悄悄地离开了充气房，像她来的时候那样。

圆形的小房子安静了下来。乔治对于刚刚听到的信息感到非常吃惊：2081！几十年过去了！漂白的土地，烧焦的、动乱的天空，荒芜的景色，这一切都说明了整个生存模式的一些戏剧性的转变。未来。他现在确信自己是在未来，但他还有太多不知道的东西。这些机器是干什么的？他试图摇晃玻尔兹曼，让他把事情说清楚，但这个老机器人在他舒舒服服充电时是不会受到干扰的。最后，乔治睡着了，他做了一个断断续续的怪梦，事实上没有一个梦像他深陷其中的现实这般奇怪。

他在又冷又不舒服的灰色沙发上醒来。玻尔兹曼还在熟睡。乔治走到一扇窗户前，看见一个浅黄色的太阳正当空高照，这使他如鲠在喉。它看起来是一样的——太阳依然照耀着，就像数十亿年前那样。不管地球表面发生了什么，它都没有扰乱太阳系的宇宙秩序。似乎人类生活已经进入了一个新的层面——从昨晚的谈话中，乔治意识到他现在所处的时代被称为“大众连接时代”。这大概意味着每个人都必须分享他们的想法——这意味着当妮穆是政府部长时，她只能思考特雷利斯·邓普是多么伟大，否则他会察觉她是个间谍。这意味着赫欧和孩子们和能够通过充电控制其行为的机器监护人，通过他们的思想流安静地聊天。

“你好！”赫欧跳了进来，穿着一件看起来很舒适的连体裤，乔治认为那一定是她的睡衣。

“嗨！”乔治试图微笑。他被困在错误的时代，她的监护人和机器人精心谋划乔治带她去另一个国家，穿越伊甸园，经历一次奇

怪的、可能很危险的旅行，这些并不是赫欧的错。“谢谢你让我们过来。”

“我有个问题！你见过她吗？”赫欧急切地问。很明显，她忘记了昨天说过的今天不再提问的承诺。

“谁？”乔治问，他被突然的发问弄糊涂了。赫欧是说纳–赫阿尔巴那个无名的“她”吗？

“Bimbolina Kimobolina 女王！”赫欧说。“Dumbo！还能有谁？”

“没。”乔治如实地说，“我没有。”他不知道赫欧在说什么。

“真奇怪。”赫欧说，看上去很困惑。“我以为她的化身无处不在，你怎么会没见过呢？”

“什么？”乔治说。

“‘另一边’的女王！”赫欧皱起了眉头，“我认为她应该是如此美丽，以至于你只能看到她的化身，因为在现实生活中，你会被她的美丽蒙蔽。所以他们把她的化身发了出去。就像我上学的时候，我实际上并没有‘去’学校——我们没有一个叫学校的地方。这是一个虚拟的学校，我每天都给那里的化身发送“我”，这样我就不用那么麻烦……”

“那你昨天为什么在去学校的路上”——乔治发现了这一切的瑕疵——“如果你在家里就可以完成的话？”

“这是监控我们成长的一部分。”赫欧说，“这有助于伊甸园观测我们中谁最适合去奇迹学院。”她叹了口气，“我希望我现在蓄势待发准备离开‘泡泡’了。”

乔治想起了他看到的那只机器人的手，从孩子们身上拽了几绺

头发，取了些血样。他点点头。他希望公车上的孩子不会有遗传缺陷或其他身体问题。他不敢想象如果他们有什么缺陷的话会发生什么。他怀疑他们会作为伊甸园未来的领袖而被留在“泡泡”中。

但是下一个问题已经从赫欧的脑子里冒出来了。“你能教我说表情语言吗？”

乔治只是目瞪口呆地看着她。

“表情语言！”她重复了一遍。“‘另一边’的语言！不实实在在使用单词，只需要在你的思想流中添加表情！你竟然不知道？”

就在那时，乔治的注意力被一件东西吸引住了，那东西从窗户边跑来跑去。他跑过去仔细地看了看它，但它已然从视线中消失了。他试图从入口舱口爬出来，这样他就可以跟着这只奇怪的野兽，但舱口似乎是密封的。

“你从窗外看到了什么？”赫欧问。

“一匹白马。”乔治心想自己可能疯了，“但却长着一个长长尖尖的犄角，好像长在鼻子上？”

“哦，那是泡泡独角兽！”赫欧说，听上去很开心。

“但是独角兽不存在。”乔治说。

“它们当然存在！”赫欧说。

“不，他们不存在！”乔治说，他醒得很晚，没有吃任何东西，开始觉得有点暴躁。“他们是神话中的野兽，就像传说中的那样。它们不是真的。那只是一匹鼻子上有个大角的马，不是真正的独角兽。”

“那是一只真正的独角兽！”赫欧喊道，“我问过天天，他告诉过我关于独角兽的真相。”

“真相是……？”乔治说。

“独角兽在大裂变之前就灭绝了。”赫欧说，她的眼睛闪闪发光，但她的语气突然变得不确定了，仿佛她必须说出来，自己才能相信。“因为在那之前，人们没有善待这个世界，以至于非常敏感的独角兽无法生存。面对糟糕的世界状况，它们太伤心了以至于丧命。”

“独角兽心碎而死？”乔治不信。九天都干了些什么？告诉赫欧的这些完全是胡说八道！

“独角兽非常娇嫩。”赫欧哼了一声，“至少我了解的它们是这样

的。由于它们情感细腻，而无法从灭绝中恢复，直到大裂变之后，大家都知道，嗯，多亏了特雷利斯·邓普，哦，愿他永生，伊甸园再次繁荣昌盛……”她慢慢地走了。

“这都不是真的，赫欧。”乔治突然爆发，他再也不能保持沉默了。“整个伊甸园，都是垃圾。伊甸园并不是所有潜在世界里最好的。太可怕了，它是世界上最糟糕的。他们都在骗你。”他强忍住泪水，但她的反应让他吃惊。

“但他们为什么要这样做？”赫欧反问他，“让我相信这么多谎言意义何在？”

“额，好吧。”乔治没想到会这样。

“那告诉我一些我不知道的事情真相吧。”赫欧坚持道，“但你必须能够证明这一点。否则我也不会相信你。”

乔治认真思考了一下，毕竟赫欧并不那么愚蠢。

“好吧。”乔治说。“这就有个证据。我并非来自‘另一边’，我也不是难民……”他停顿了一下。“我是个太空旅行者。”他坦承道。他不知道告诉赫欧真相是天才之举还是彻底的灾难，但他认为他必须这样做。

“太空旅行者？”赫欧不可置信地皱起了眉毛，“确切地说，从……哪里来？”

“这上面。”乔治用一根手指指着。

“这上面？”赫欧看上去很困惑，然后感到很害怕。“这上面？你想让我相信你来自太空？”

“是的。”乔治说。

“你，”赫欧难以置信地喊道，“是从太空来的吗？坐什么交通工

具来的？”

“宇宙飞船。”乔治说，“这就是为什么你遇见我时我穿着宇航服。”

“那时你没有穿宇航服！”赫欧说，“你穿着连体裤，就像我一样！”

“不，我没有。”乔治说，“那是一套合适的宇航服。本质上它就像一艘宇宙飞船。”

“我不相信你。”赫欧反驳道，尽管她显然很感兴趣，“但还是继续讲吧。”

“我和我的机器人玻尔兹曼一起乘坐宇宙飞船从地球上起飞，我们穿越了整个宇宙。我们不想走那么远，但我们没办法让船掉头。最后宇宙飞船自己决定回到地球，所以现在我们回来了，但我们似

乎跳入了——”

“对不起。”赫欧打断了他的话，她举起一只手。“但是你不可能来自太空。”

“为什么不可能？”乔治问道，“我知道这听起来有点奇怪，但是——”

“不，不只是奇怪。”赫欧说，“虽然是挺奇怪的。因为没有太空旅行！”

没有太空旅行？乔治想。

“太空旅行，”女孩继续说，“被禁止了！那是违法的。没有人进入太空。他们曾经做过一次，但结果却是对资源的巨大浪费，本来应该花在保持这个星球的美丽上，所以它被完全取消了。现在不允许任何人去太空或把任何东西送入太空。所以，你看，外面什么都没有，当然也没有人造的。”

“不是真的，赫欧。”乔治说。“不管怎样，许多好东西都来自太空科学。”

“这正是他们希望人们所相信的。”赫欧说，“但这些都是假消息。它只是为了让人们认为科学可以真正实现某些目标。”

乔治大吃一惊，向后退了一步，正好踩到玻尔兹曼的脚上。

“哎哟！”玻尔兹曼不假思索地喊道，虽然他并没有受伤，因为他没有痛觉感受器。

“赫欧，”乔治孤注一掷，“我从太空来到这里，但又不仅仅是这样。我来自过去。我也经历了时间旅行。总有一天我会把这一切告诉你的。”

赫欧盯着他，“时间，”她说，“你是说你穿越了时间？”

“我的宇宙飞船运行得太快了，时间对我来说很慢，但在地球上却快得多。当我从狐桥起飞的时候，我不比你现在大多少。”

“啊哈！”赫欧说，“这就是为什么你一直在谈论狐桥！”她一脸专注的样子。

“我的父母，我的妹妹，我所有的朋友都在这里。现在他们都走了，世界也变了。它被摧毁了。赫欧，我必须回到我自己的时代，因为也许我可能还有机会拯救未来。”

“你是说现在，”赫欧慢慢地说，“对你来说是未来，但实际上对我来说就是现在。你想回到过去看看你能不能做点什么来阻止一切变成这样？”

“没错！”乔治鼓舞人心地说，“你明白了。”

“但是如果你那样做，”她听上去很担心，“那么你可能会做一些事情，这意味着我最终没有出世！所以我会突然不存在了！”

就在那一刻，九天进来了。

“早上好。”他平静地对赫欧说，同时怒视着乔治。“这个住所的情感变化频率太高，无法获得最大的舒适感。”

“他说——”赫欧指着乔治。

“啊，是的。”九天说，“你又问了那么多问题。当时你答应不再提那么多问题的。他一直在利用‘另一边’丰富的‘讲故事’传统。”

“什么？”乔治气急败坏地说。他转向玻尔兹曼，“告诉她，玻茨！我们不是在编造！我们说的是实话，那个机器人——”他怒视着九天，现在看来他原来更像是敌人而非朋友。

“这是‘另一边’文化中的一部分。”九天轻松地否定了乔治。“编织非凡故事的能力。太生动了！”他挥动着机器人的手。“仿佛

它们是真的。事实上，它们和你昨天体验的虚拟现实一样。”

“你说的这些和虚拟现实是一样的！”赫欧怒气冲冲地说。

“是吗？”九天漫不经心地说，“我的确说过吗？”

“如果，”赫欧说，基于她刚刚从乔治那里学到的东西，“这些都不是真的，而是你和我的监护人为了让我保持安静而发明的呢？如果伊甸园不是真的呢？”这是她第一次突然怀疑事情是否真是它们看上去的样子，对于一个年轻女孩来说，她表现得出奇镇定。

“非常棒的观念。”九天咕哝道。但乔治清楚，这一次赫欧切中要害，这令他高兴不已。伊甸园是个骗局：他能认清这一点。乔治完全不知道九天和赫欧的监护人扮演了什么角色，以及妮穆的父亲（不管他是谁）制订的长期计划是什么结果。但是，自从他来到这里以来，赫欧的反叛之火第一次让他感到庆幸。

“现在听我说，”九天命令道，好像什么也没发生，“今天我们将完成我们在前往奇迹学院的旅行前准备工作！因为明天是你的第九个生日，你到目前为止所有的考试成绩都已经超过了准入门槛，我们必须确保安排完你的所有过渡事宜。”

赫欧立刻分心了。“我进了吗？”她尖叫着。

“是的。”九天确认道，“你的监护人刚刚告诉我，你被录取的分数是有史以来入院学生中的最高分！干得漂亮，赫欧。你最近的工作非常出色。”

“我要去奇迹学院啦！”赫欧喊道，在房间里跑来跑去，拥抱着每个人。“我要去奇迹学院啦！我每天要挣上万亿的邓普令，成为伊甸园未来的领袖。我要去奇迹学院啦！”

只有乔治知道，她不会。

第八章

这一天时间一溜烟地过去了，赫欧高兴得蹦蹦跳跳，庆祝她进了奇迹学院，和她能想到的每一个人都分享了她的思想流，而乔治太需要休息了，此时正好可以歇会儿，继续尝试着理解这个突如其来的时代。当夜幕降临时，突然在充气的房子外面听到一阵骚动，这一次不是独角兽引起的。九天立刻显得很警觉。

“开门！”外面传来一个声音，“这是一次随机检查。”

乔治注意到，九天僵住了，他那双圆溜溜的眼睛盯着他。赫欧看上去很紧张。她迅速扫视了一眼房间。

“如果我们说我的监护人邀请乔治留下来，可以吗？”很明显，这个小女孩开始意识到按照伊甸园的标准，有些东西是错误的。

九天简洁地回答说：“不，不可。”

“我们该怎么办？”赫欧问道。她听上去很惊慌，乔治意识到这可能是她短暂生命中第一次体验到害怕的感觉。“如果他们在这里发现了乔治会怎么样？”她问。但从她脸上的表情来判断，乔治可以看出她觉得这不会有什么好结果，这会成为她去奇迹学院的绊脚石吗？

“等等！”九天说，“我可以把他们藏起来。”他转向乔治。“站

着别动，”他说，“站这儿，站在玻尔兹曼旁边。别动，别出声。”九天在他们俩身上盖上一块极精细的材料，遮住了他们的视线。

乔治一动不动地站在玻尔兹曼旁边，他似乎还没有真正从整夜的充电中醒来。他们听到了咚咚的脚步声，好像一个穿钢盔靴子的人走进来了，还有指挥棒轻轻地拍打在戴着手套的手掌上的声音。

“机器人！”新来的人和九天打招呼，“邓普在你的梦中！”听起来像是例行的问候。

“我梦里只有邓普。”九天温顺地回答。“愿他永生！”

“对你的居所负责。”

九天叹了口气——乔治听到一声嘶嘶的响声。

“你的电源设置太高了。”巡查员抱怨道。乔治感觉到巡查员的目光扫过他和玻尔兹曼，什么也没注意到，但当巡查员的目光落在

赫欧身上时却引起了反应。

“让我进入孩子的思想流吧。”

“当然。”九天平静地说。

赫欧完全没有发出任何声音，仿佛她知道并理解此刻的演习。九天在超级计算机、警察和小女孩之间游走，进行了一些操作使赫欧的思想流突然变得可以听见。一方面，乔治听到了旋律欢快的音符，这也许是一个充满独角兽、巨型蝴蝶和非常好玩的虚拟现实游戏的原声带生活版。但随后，一个黑暗的音符在下面响起，一个小和弦向上鼓起，改变了整个情绪。乔治想知道赫欧的思想流中出现了什么，以及它是如何反映在他所听到的声音中的。

“那是什么？”当赫欧的心灵音乐变得狂暴和混乱时，警察问道。

乔治屏住呼吸。他意识到这个军官不是人——尽管他的声音平缓自然，但还是有一些东西没有发出声响。事实上，警察机器人的声音相当接近人类的声音，这使得它比玻尔兹曼更恐怖，更可怕。玻尔兹曼虽然尽了最大努力，但显然是一个机器人。

“这是虚拟现实中关于过去假新闻的记忆，尤其是关于太空旅行的假新闻幻想。”九天插嘴道，“只是一个记忆。”

“胡闹！”警察机器人说，“为什么要教他们关于旧时代的知识？无非是散布困惑罢了。他们只应该了解伊甸园的伟大成就。把它清除掉。那些记忆必须消失，净化它。”

乔治听到九天叹了口气，但音乐立刻停止了。

“保持天堂的洁净。”巡查员命令道，“在我们的心中，在脑子里。另外，以后不要把舱门封上。”

乔治终于喘了口气。九天抽搐着拿走了他和玻尔兹曼身上所有的遮盖物。

“那是什么！”乔治说。

赫欧似乎神志不清。九天语速很快，“你在危及赫欧。”他说，“所有东西都出现在她的思想流中，你让她变得脆弱。那真是死里逃生。很抱歉，我们不得不继续向她传输你所知的那些胡说八道的信息，但在我们把她从伊甸园弄出去之前，我们别无选择。否则她将面临致命的危险。”

“我明白。”乔治感到十分震惊，“所以赫欧什么都不知道？为了她的安全，你必须一直向她灌输这些谎言？可怜的孩子！”

他为那个小女孩感到很遗憾。他知道，在那一刻，如果他们想让他救她，让她离开这个地方，他就必须那样做。没有她他就不能离开这里。选择权在自己手上。

他只是希望有人也为自己的妹妹做同样的事。

“我们很幸运，那是一个老式的警察机器人。”九天说，“我很惊讶它没有更新为热识别皮肤。也许他们所说的是真的，伊甸园的重建资金已经用光了。”

“如果它抓住了我，会怎么样？”乔治说。

“现在很多东西都被禁止了，”九天慢悠悠地说，“例如，思想自由和言论自由，尤其是科学，任何关于太空旅行的言论。看看你身边的技术，人们的生活是由技术控制的，甚至是由它创造的，但

是不允许人们理解或掌握技术。如果你被带走了，我们就再也见不到你了。赫欧会被丢出‘泡泡’，在虚空中独自生存。她的监护人会失去政府职位。我也会被解体。最糟糕的是……不，我不能再多说了……”

“所有可能中最好的结果。”乔治说。

“没错。”九天说，“警察机器人没看见你，因为我在你和你的机器人身上放了一个超级材料。但是他没有发现你，更重要的是因为你没有思想流。他不使用生物标记，而是使用技术标记。所以对他来说，你实际上并不存在，但我不能冒险让你出现在他的视线里，让别人把你带走。”

“这些检查正常吗？”乔治问。

“不。”九天说，“伊甸园王国正处于高度戒备状态。”

“我？”乔治说，“他们是在找我吗？”

“寻找任何对政府构成威胁的人。”九天说，“我们必须快点离开。”

“需要考虑的很多。”乔治说。

“我知道。”九天说，“但如果我不知道你能做到的话，我就不会请求你这样做。”

“但你怎么知道？你是谁？”乔治说，他认为这可能是他唯一一次提问的机会。

“我是九天。”机器人回答。“线索就在我的名字里。”

但是乔治不知道“九天”这个词是什么意思，他也没有设备可以用来查询。他知道自己没有时间来解这个设计精妙的猜谜游戏。

“我昨晚听到了，你给一个名为‘妮穆’的女人打电话。”他低

声说，“我知道你们已经制订了计划，你们想让我拯救赫欧。”

“你必须把赫欧带到安全的地方。”九天温和地说，“拯救赫欧，你就可以拯救自己。”

“但是……”乔治说。他需要知道的还有很多。

“嘘！”九天说，乔治听到穹顶外有嗡嗡的声音，“蜜蜂在听。别再说了。”

“蜜蜂？”乔治说。

“蜜蜂侦探，”九天说，“它们是‘泡泡’中最聪明的居民。如果有谁发出警报，最有可能就是蜜蜂。”

嗡嗡声加强了。乔治向外看去，发现家里现在被一群蜜蜂包围了。“我们会被一群蜜蜂抓住吗？”他说。蜜蜂在他那个时代是友好的昆虫。“那不可能！”

“他们能探测到各种各样的东西。”九天说，“病毒，炸弹——也许更多。我们很快就会知道他们能否发现你。但我们的动静越少，他们就会越快飞离。”

那天晚上，当蜂群终于飞走后，乔治和玻尔兹曼从前舱门溜走了，那个巡查员机器人坚持让九天保持开放的舱门。玻尔兹曼已经

充电到满功率，所以他们两个坐在小充气房子的入口。他们不敢再往前走了。但是乔治不得不走出那间狭小的圆房子，尽管外面也不是新鲜空气，但至少和气泡内部的空气有差异，不似那间小客厅的闷热。

从坐的地方，他们可以看到一排排相同的充气房屋整齐地点缀在“泡泡”内部。每栋相邻的房子都是不同的颜色，周围有一个小花园。机器人在花园里高效地工作，修剪树篱，照料花朵，浇灌草坪。花园是那么整洁，绿油油的，乔治想知道这些植物是不是真的。他伸手摸了摸一片树叶，但警报响了，隔壁房子里一个专横的机器人爬过来，向他晃了晃手指。

“玻茨！”乔治低声说，“你喜欢未来吗？你知道，现在是 2081 年。”乔治甚至还没有机会和他的机器人朋友分享他的发现。他急不可待地告诉玻尔兹曼妮穆的计划，并讨论了九天的真实身份，但他认为这可能太冒险了。谁知道谁在听他们的谈话。尽管如此，他还是忍不住探讨他们当下的处境。

“现在是 2081！”玻尔兹曼惊叹不已，“这就解释了一切，乔治现在是个老人！”

“可能是我 70 多岁的时候！”乔治说，“但同时，我实际上还是一个上中学的孩子。”

“难怪年轻的赫欧认为我属于博物馆。”玻尔兹曼恍然道，“你看，即使是那个园艺机器人，也可能是比我更先进的型号。”

“九天告诉我，伊甸园的人们可以使用技术，但不理解。”乔治说。

“所以他们知道它做什么，但现在不知道它的原理。”玻尔兹曼

说，“有趣。”

“赫欧一直在谈论假新闻，以及科学是天大的谎言！”

“我想她一直以来就是这样被教导的。”玻尔兹曼明智地说，“如果她能接受适当的教育，她很快就会明白。”

“是的，她看起来很聪明，一旦她不再重复别人告诉她的事情，”乔治皱起了眉头，“我想出于某种原因，她的监护人和天天希望她尽可能久地待在‘泡泡’里，他们似乎根本不想让她去奇迹学院。”

“哦，天哪，”玻尔兹曼说，“谁会想到未来会变得如此混乱？”

“没有太空旅行！”乔治说，他对这件事特别生气。“她告诉我太空旅行被取消了，因为它只是一个伪科学的工具！”

他抬头一看，看见温暖空气中有一股蒸汽的薄雾，上升到气泡透明的表层，在那里凝结成水，然后又滴回到树叶上。他意识到，

这是它自己的生态圈，稠密肥沃，过于温暖潮湿，相反，外面是贫瘠的土地。他记忆中的狐桥不是这样，所有的房子都体现出其居住者的个性——大的、宏伟的、傲慢的、小的、邋遢的、聪明的、有趣的。老狐桥的一切都独具个性、古怪而有趣。在这里，一切东西几乎千篇一律。

生物圈外，太阳落山了，长长的朱红色光线投射到整个景观上。里面，棕榈树的树梢正在变成树莓的颜色。这是一个美丽的景象，因为整个“泡泡”的内部变成了鲜艳的粉红色。但乔治知道，在真正的日落时，这些颜色是由大气中的高度污染而产生的。难怪，他想，政府部长的孩子们住在这里，在这个“泡沫”里，保护他们免受太阳光和大气中有毒的灰尘和气体的伤害。

但是，当太阳下山时，天空变暗了，星星又出来了，在他们头顶闪闪发光。空气似乎很清新，他们能看到漂亮的星空。乔治抬头望着透过“泡泡”透明的外层皮肤闪耀着的熟悉的星座，惊奇地发现即使它们下面的整个世界发生了如此巨大的变化，但它们依然完全保持原样。但就在那时，他注意到了一些事情。一道光点在头顶上快速移动，划过天空。它太稳定且非常规则，不可能是流星。一颗卫星，乔治自言自语道。也许这是一颗旧的，从他的时代——太空时代遗留下来的，但后来他又看到另一个，再一个，在夜空中穿梭，它们的路线太整齐，光点太小，除了是人造卫星，它们也可能是任何别的东西。

“我想，”他向上凝视时对玻尔兹曼说，“那里有很多人在太空旅行——只是不允许被知道。”

第九章

“啦啦啦啦啦！”赫欧响亮的歌声唤醒了乔治，“今天是我的孵出日，我将要去奇迹学院啦！我将要学习好多好多东西——照顾独角兽、‘泡泡’环境、麦田怪圈等课程。”她在房间里跳舞，跳到前软翻的时候踩到了乔治的脚，这才注意到乔治并停了下来。

“哎呀！”她自己先叫出声来，“早上好！”

“嗨！”乔治很惊讶，她头天晚上还那么害怕，现在却这么自信、欢愉。“我竟不知道你还是个体操运动员！”

“是的！”她喜笑颜开，“我有一个虚拟教练。你睡得好吗？”她说，“你想来一杯水果奶昔吗？你知道我要去奇迹学院了，激动吗？”

“啊，昨晚巡查员来检查，我很抱歉。”乔治很难受，让一个小女孩经历这些。

“什么巡查员？”赫欧问，她明亮的眼睛里盛满了疑惑，“没有巡查员。你在说什么啊？”

乔治意识到巡查员已经下令让九天把她近期的记忆清除掉了。他决定继续向前推进一点。毕竟，如果他即将踏上危险且非法的旅程……

“我告诉你我来自太空……”

“不，你没有！”赫欧皱起鼻子，“你是一个难民。从‘另一边’来！我们在沙漠里初遇时你是这样说的。”

这样，乔治知道赫欧的大脑被篡改了。他想，这一切都是错的。假如即使是好人——他真的希望九天和妮穆是好人——在做一些实际上很可怕的事情，比如抹去孩子们的记忆，那么未来就真正成了一场灾难。

但就在那时，舱口打开，妮穆进来了，拎着两只小背包。

“监护人！”赫欧喊道，跑去给了她一个拥抱，“全世界最好的！”

“伊甸园是最伟大的，多亏了邓普，愿他永生！”赫欧的监护人回应道。

“早上好！”乔治礼貌地打招呼，并不知道当地打招呼的方式。

“嗨！”妮穆轻抚着赫欧的头顶。

日光下乔治发现妮穆比昨晚自己想象的要老一些。她看起来像是在控制自己的情绪，但她的眼睛闪闪发亮。她轻轻松开赫欧，“你该走了。”

“去奇迹学院？”赫欧一脸明媚的样子。

“是的。”女人叹了口气。

“哦！天哪！”赫欧说，“简直太酷了！再见，乔治，再见，玻尔兹曼，再见，没用的天天！我要去奇迹学院，那样，当我和我的监护人一样年老的时候就可以成为伊甸园的领袖了。”乔治注意到妮穆蹙起了

眉头。

“不是和乔治说拜拜，”那女人说，恢复了正常状态。“事实上，是该说你好！”她转向他，“很抱歉，我们没有合适的机会谈话。我是妮穆，赫欧的监护人。我们必须得快点——赫欧必须在她满九太阳邓普的时刻之前离开‘泡泡’。”

“所以没有一个超过九岁的人住在这里？”乔治问。

“没错。”女人回答道。

“你住在哪里？”乔治好奇地问。

“我住在‘泡泡’外面的一个政府驻地，称之为‘回音室’。”女人说，“我是一名政府部长，所以我必须让我的孩子待在‘泡泡’里，直到她到了该去奇迹学院的年纪——也就是说，她一旦通过了必要的测试就要去。这对我来说不是一个可以选择的问题。”她听起来比乔治那天晚上无意中听到的那个坚定的女人更焦虑，好像她是在试图让乔治放心，她不希望赫欧像这样被抚养长大。

乔治一直很担心某些事情。

“其他孩子呢？”他问，“那些父母不是政府部长或考试不及格的孩子们呢，他们去哪里？”

“是的，伊甸园里有许多孩子不像赫欧这般幸运。”妮穆说，“我们大家必须为邓普服务，愿他永生，竭尽我们所能，对一些孩子来说，这可能就意味着将会被分配到工作单位。”她对着赫欧懊悔地笑笑，“对于我的女儿来说不是这样。”

“那好吧。”乔治意识到妮穆不打算透露更多了，但他注意到妮穆提及与赫欧的关系时是说她的女儿，虽然赫欧似乎并不理解母亲的含义。“但是，妮穆，奇迹学院到底发生了什么——”

“奇迹学院，”妮穆大声打断了他，“和孩子们曾经经历的那些都大不相同！”

“因为，”赫欧喊道，“它比其他地方更精彩！”

从妮穆的表情来判断，乔治觉得奇迹学院恰恰相反。奇迹学院的真相到底是什么？他希望自己永远没必要找出真相。

“赫欧，收拾好你的东西。”妮穆递给她一个小背包，另外一个给了乔治。

赫欧溜去找她的各式各样的连体裤去了。

当她分心的时候，妮穆转向乔治，“我们所剩时间不多——”

乔治直击要害，“你到底是谁？”他质问道。

“乔治，听我说，”妮穆不理睬他的问题，“把赫欧带到纳-赫阿尔巴，一切都会好起来的。九天正在给你的机器人提供旅途所需的

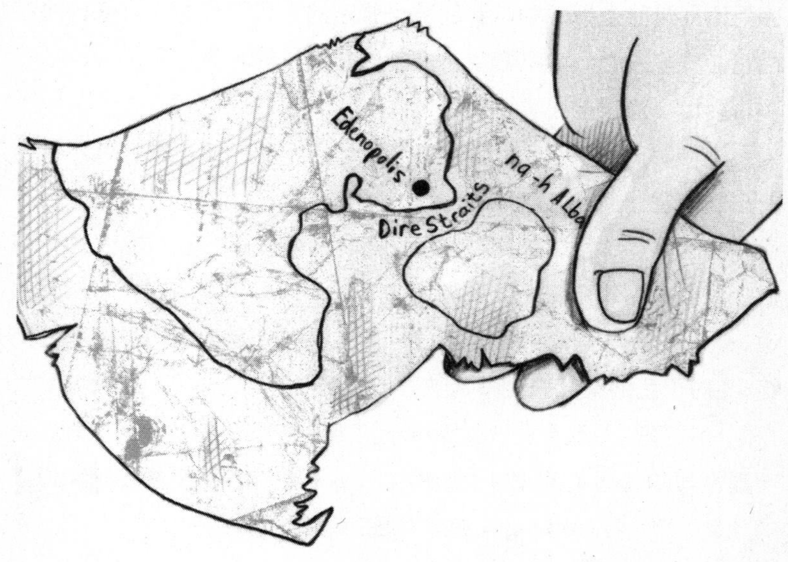

所有信息。”她递给他一张纸，看起来像一张画技拙劣的地图。在它上面有一大片陆地和一小块陆地，被标记为纳-赫阿尔巴。

“什么是纳-赫阿尔巴？”乔治把地图折起来放进后口袋里。

妮穆苦笑了一下，“它坚定，独立，先进。是伊甸园的死敌。健康且资源丰富。我斗胆说禁词——富有想象力？她的领域是按她自己的观念建立的。当所有其他国家加入这两个不同的公司时，纳-赫阿尔巴决定保持独立。他们锯开边境，在大裂变之后将两块陆地分开，以防止被特雷利斯·邓普的机器人军队接管。从那时起，纳-赫阿尔巴一直漂浮在海面上。都是她干的。你只有穿过恐怖海峡在最接近它的地方登陆才能到达，这意味着你要穿过伊甸城邦——伊甸园的首都。”

“但她是谁？”乔治说。这个“她”是谁，这个地球上唯一一个自由区的神秘的领袖？

“你到了那里就知道了。”妮穆微微嘲笑他。乔治真的对她不感兴趣。“你不去吗？”

这时赫欧回来了，扛着装满东西的背包。

妮穆惊慌失措道，“你不能把这些都拿走。”她打开袋子，扔出来一只可爱的独角兽、一系列色彩鲜艳的小饰品、一些电子宠物和至少五件连体衣。相反，她放进去一个净水器，很多包脱水肉制品和一个手电筒。

“不！”赫欧说，“我不能把我的宠物留在这里！没有我它们会死的！”

妮穆叹了口气说道：“我会带走它们的。但你的无人驾驶交通工具就在外面——你和乔治该走了。”

“乔治？”赫欧困惑地问道，“他为什么来？”

“他护送你去奇迹学院。”她的监护人说，“还有他的机器人也一起。”

玻尔兹曼出现在她身后，九天站在那里仿佛成了背景。

赫欧看上去吓坏了。“不行！”她说，“我不想第一天在奇迹学院露面，就和一个‘另一边’的孩子在一起！”她抗议道。乔治只好提醒自己那并不是她的错，因为九天抹去了她的记忆。

“我真的很抱歉，赫欧。”妮穆听上去相当真诚，“很抱歉，这就是我给你的生活。我从没想过会这样。我以为我们会做得比这好。”

赫欧看起来很吃惊，但拥抱了她的监护人。“别难过！”那女孩甜甜地说道，“奇迹学院一定会让人惊叹！我会做得很好的！你会为我感到骄傲的！”

“你要带着乔治一起去。”她的监护人轻轻地挣脱开赫欧的怀抱，紧紧地握住她的手。

“我必须这样做吗？”赫欧看着乔治和他的机器人，有些犹豫。

“是的。”妮穆回答。

赫欧微微一撇嘴，没再说什么。

“我们准备好出发了吗？”

玻尔兹曼站到乔治身边，乔治发现了一些令人难以置信的欣慰。

“更新完成了。”九天沾沾自喜地说，“玻尔兹曼现在已经完全启动了。他有你需要的所有资源。”

“玻尔兹曼能开门吗？比如太空门户？”乔治想如果他们陷入危险，这会非常有用。

“没有门户。”九天说，“但是我安装了 Windows 4000，那应该会有所帮助……”

屋外的噪声使大家都跳了起来。那只是一台自动割草机，他们松了口气。

“该走了。”妮穆含糊其辞，“你还剩几分钟的时间，太阳马上到达顶点。我们都必须离开这里，因为这个家会自动开始放气。一旦过了正午赫欧的第九个孵出日，我们都没有权利留在‘泡泡’里。”

他们走出去。外面空气潮湿，夹杂着一股甜甜的味道。巨大的热带灌木，绿叶闪闪发亮，红色的花朵明亮鲜艳，环绕着赫欧的家。一只蜂鸟在其中一朵花儿边扑动着翅膀，它伸进花的深处寻找花蜜。乔治抬头一看，看到他们头顶上一片乳白色的朦胧天空，阳光灿烂。

“为什么天空是白色的？”他大声说出自己的疑惑。

“这是一个天幕。”妮穆说，“在气泡内部，微粒被释放到大气中，以阻止太阳光对植物和人类生命造成损害。这就是为什么‘泡泡’内部如此肥沃——‘泡泡’外部，在这个区域，没有什么东西可以生长，因为现在的阳光太强了。”

一辆无人驾驶的运输巴士在他们前面停了下来。赫欧默默流泪，眼泪滴在她从废堆里捡回来的独角兽玩偶身上。

“再见。”妮穆正式与乔治道别。

“再会。”乔治听上去更轻快。

“我不会忘记这些。”她说。

“在背包里，”九天对乔治说，“你们每个人都有一个净化器，它能把最脏的池水变成新鲜、干净的饮用水。你有冻干的口粮——你

可以凭借以前的旅行经验辨认出来！如有必要，你将在途中觅食。蚂蚁是一种很好的蛋白质来源——一些人说它们尝起来像柠檬草，尽管我个人不能对此发表评论……”

“我会再见到你吗？”乔治问。他需要知道的太多了！他希望自己有足够的知识让自己和赫欧安全到达纳-赫阿尔巴。但是他要怎么发现其他的事情呢？

“我给玻尔兹曼安装了一个‘给朋友打电话’的设备！”九天低声说，“那个朋友，当然是指我。如果你需要我……”

乔治如释重负地登上了交通工具，接着是玻尔兹曼和紧张的赫欧。

在他们身后，充气的房子已经倒塌了。回收机器人随时准备把赫欧之家的残骸铲走，并把它变成下一个聪明的孩子的住所，他将在“泡泡”中待到第九年。妮穆焦急地抬头望着太阳的轨迹，催促赫欧赶紧上车。在她关车门的瞬间又停顿嘱咐了一下。

“告诉她，”她对乔治说，“不是我。告诉她我没有背叛他。我绝不会那样做的。是的，我在最后一艘去火星的船上把他从伊甸园救了出来，但只是把他从更糟的事情中救了出来。”

“谁？”乔治问，“你没有背叛谁？”

妮穆奇怪地微微一笑。“当然是埃里克。”她说，“还能有谁？”

说完，她便跳了下来，关上车门，车开走了。

第十章

巴士开走时，乔治探出窗外回头望着妮穆。

“你什么意思？”他拼命从车后窗喊道，“关于埃里克！”

但一点用也没有。他猜即使妮穆听到了，也不会给他一个明确的答案。乔治想，她会是一个很好的双面间谍。跟她说话就像和爸爸去钓鱼，试图把一条特别滑的鱼放在地上，正当他以为抓住了它时，它却挣脱了。

“玻茨！”他说，“你听到了吗？妮穆认识埃里克！这怎么可能？”

这个老机器人盯着乔治，那张受损的脸上表情相当严肃。

“被九天升级更新之后有很多新消息。”他说，“但我向那个机器人保证，在我们到达更安全的地方之前，我将保持沉默。”

“我的家人还活着吗？”乔治坚持问道，“告诉我这个就行了！”

“我不知道你的家人。”玻尔兹曼说。乔治的希望破灭了。“九天没有告诉过我。我现在只能说这些了。对我来说，要传达这样的坏消息真是件痛苦的事。我不知道你们人类是如何承受你们情绪的影响的。你一定比你看上去要坚强得多。”

乔治默不作声，望着窗外，一想到安妮的爸爸埃里克，他的眼里就满含泪水——他孤单一人吗？——在红色星球上。这就是为什

么安妮努力地从“阿尔忒弥斯号”上向他传递信息，是希望他能以某种方式登陆火星去救她的父亲吗？乔治知道埃里克有多想去这个红色星球旅行，但听起来他的火星梦比乔治的太空飞行梦更糟。埃里克和安妮去了火星，谁知道未来的世界里会有谁来帮助他的家人呢？

“但是谁背叛了埃里克？”乔治爆发了，“发生了什么？”

“没人知道是谁背叛了他。”玻尔兹曼平静地说，“但他正在制订一个计划，其中包括一个长期的机器规划以秘密抵抗伊甸园。你知道的，埃里克相信这些机器的智能能够迅速发展，从而与人类合作，拯救我们的星球，拯救我们的未来。阻止邓普的崛起，甚至阻止大裂变带来的一系列可怕的战争。他的想法是，即使人类无力阻止邓普，但智能机器人也会介入。一旦他们成了真正的智能机器人，埃里克相信他们会认定邓普是对地球的最大威胁，并与之对抗。但有人把他的工作告诉了邓普当局。”

“不！”乔治愤怒地说，“谁会做这么可恶的事？”

“事实上很多人认为是妮穆。”玻尔兹曼说，“这也是她在伊甸政权内取得成功的基础。她是个神童——十几岁时加入公司，很多人认为她背叛了埃里克，是为了和邓普混在一起。但九天向我保证这不是事实，妮穆没有做过这样的事。”

“什么？”乔治说，“妮穆到底为什么会……那是谁呢？”他的脑子在嗡嗡叫。埃里克被派到火星去谋划机器学习的抵抗大计？如果埃里克被抓住了，那么他的活动是否停止了？从乔治所听来的消息来判断，好像妮穆和九天已经接管了埃里克被迫停止的项目。这意味着，如果妮穆当时秘密地进行着他的工作，那么她背叛埃里克就

一点意义也没有。但是赫欧呢，为什么妮穆说她不想让一个孩子卷进来呢？

但玻尔兹曼不会再多说了。

“我失信了！”他遗憾地说，“我已经变得像人一样不可靠了！在我们到达旅程的终点之前，我的金属嘴唇是密封的。”

此刻，乔治需要消化一下他刚刚听到的信息，而不是再过多地接收新信息了。他坐回座位上，凝视着窗外，试图转移自己的注意力，使自己免受内心痛苦的折磨。

车窗外植物繁茂，他们初到“泡泡”时觉得这一切非常美丽，而现在看起来却像是人造的、蜡质的。这些树看起来一点也不自然——它们太绿了，上面有太多的叶子、花、芽和浆果。它们看起来像是合成的，是伊甸园造假的一部分，而不是自由生长的自然生态系统。

几只色彩鲜艳的小蜂鸟在他们的巴士上飞来飞去。蜂鸟周围一大群蜜蜂嗡嗡作响，蜂群对这辆车产生了极大的兴趣。起初只有几只叮在车窗上，但很快就引来了一大群。

“不要又是蜜蜂啊！”乔治摇了摇头，使自己从悲伤的幻想中挣脱出来。

玻尔兹曼看上去非常惊慌。“这不是一个好兆

头。”机器人焦躁地说，“我现在极度焦虑，这是最令人不快的！”

就在蜜蜂把无人驾驶的汽车围得越来越厚实，以至于看不清窗外的时候，他们到达了通向外面世界的出舱口。舱门即刻打开，他们通过后又啪的一声关上，留下一大群愤怒的蜜蜂扑到“泡泡”的内壁上。

“为什么只有蜜蜂看到我们在‘泡泡’里进进出出？”乔治问玻尔兹曼，“我们大摇大摆地进出，但感觉似乎只有蜜蜂注意到了我们！”

“我们没有在除了蜜蜂之外别的监视器上注册，因为蜜蜂仍然比其他所有开发的系统聪明得多。”玻尔兹曼回答说，“感官就评估目前的处境来说并不可靠。”

“但这些机器人难道不捕捉图像吗？”乔治问，“他们看不见吗？”

“是的。”玻尔兹曼说，“但是现在任何视觉输入都必须由机器传感器进行验证，并与其他信息进行三角定位，因为我们没有合适的车载机器，所以你和我不会发出这些信息。每分钟生成的视觉数据太多了——数千兆兆字节——他们似乎还没有弄清楚如何有效地处理这些数据，或者有人在删除你正在生成的图像……”

“哈？”乔治突然想到了什么，“但是，难道赫欧的思想流或是皮下芯片——或者她拥有的任何东西——不会立刻把我们送走吗？只要我们不走这条前往奇迹学院的路，他们就会立刻找到她——然后他们就会抓住我们！”

“不会，天天考虑到了这一点。”玻尔兹曼说，“他会替她关闭真正的思想流，制造一条伪思想流——大约就是现在！”

就在那一刻，一直沉默的赫欧发出了愤怒的哭声。

“我想她刚刚发现了。”乔治对玻尔兹曼说。

“我的思想流！”她哭了，“它被冻住了！玻尔兹曼，你能修复一下吗？”她恳求地看着那个破旧的机器人。“求求你？”她极力笑着说，“我正在告诉孩子们我正在离开‘泡泡’前往奇迹学院，就突然停止了……”

“我很抱歉。”玻尔兹曼没有表示，“九天说，一旦我们离开‘泡泡’，你的思想流就会停止。”

赫欧皱着眉头。她的虚拟现实耳机被她的监护人从她手中抢走了，而监护人坚持说她不能带着它上路。当赫欧提出抗议时，妮穆无奈想了一些借口，说耳机是“泡泡”的财产，赫欧在到达奇迹学院时将会得到一个新的更好的耳机。

“我现在接下来该怎么办？”赫欧抱怨道，“没有思想！没有虚拟现实！”乔治心想她看上去就像安妮抱怨她妈妈限制了她的屏幕时间。

“看看窗外？”玻尔兹曼建议道。不幸的是，他选择了错误的时机来提出这个建议。当赫欧转向观察“泡泡”外面的世界时，某些东西出现在她的窗口。赫欧发出刺耳的尖叫声。一个蓬乱、肮脏、有着两条腿的东西，以与无人驾驶的巴士相同的速度向前奔跑。赫欧向外看时，她目光锁定了一个幻影，它斜视着她，红色的嘴上露出破碎的、变黑的牙齿。

赫欧指着问，“那是什么？”她惊恐地尖叫着。

在巴士的另一边，乔治发现了另一小群生物，头发蓬乱，衣衫褴褛，用两只脚沿着已消失的河岸最边缘奔跑。这片土地被烤焦了，荒芜而凄凉，狂风吹过高原最表层的尘土，但这群人似乎超越了条

件限制。

他们走得和巴士一样快——而且乔治可以预见，当汽车到达弯道时，他们可能会被切断。

这群衣衫褴褛的生物似乎在向他们挥动原始的武器，大喊大叫，好像他们在为攻击做准备。其中一个从高处跳到巴士的正前方，四肢伸向挡风玻璃。这是一个非常可怕的景象。乔治感觉自己被钉在座位上了。

赫欧把头埋在膝盖中间，双臂环绕着膝盖。玻尔兹曼伸出一只手从她背后保护她。乔治觉得他听到了轻微的哭声。那一刻，他觉

得是自己在哭。

但就在那时，科技拯救了他们。巴士显然有自己的紧急程序，它在车身两侧展开短而粗的翅膀，从地面上升，提高了速度。急转弯时，侵入者从挡风玻璃上摔了下来，落到地上。他躺在地上，毫发无伤，用拳头对着巴士晃来晃去。下面的其他人聚集在他们倒下的战友周围，他们紧紧地聚集在一起，冷酷地观望。

“赫欧，你现在可以坐起来了。”乔治说。

赫欧背挺直，看上去很吃惊。她那通常光滑的黑发有些乱，在额前立了起来。

“什么，”她喊道，“发生了什么？”她相当震惊，眼睛睁得大大的。

“是从‘泡泡’中被放逐或是其他什么地方的人类吗？”乔治大胆猜测。

“呸，”赫欧气喘吁吁地说，“难怪我的监护人说我必须努力工作，并且取得巨大的成功！我不想像那些人那样结束。事实上，我甚至都不知道有人住在外面。快！让我们去奇迹学院……”

“我们告诉她好吗？”乔治对玻尔兹曼说了一句。

“不，”机器人摇了摇头，“太突然了，别一下子说完，我们需要分阶段让她失望。问我一些其他的事情，这样我们就可以让她自己慢慢发现。”

“比如？”乔治说，“我知道了！”这是他一直想知道的话题。“九天有没有为你更新太空旅行的最新数据信息？”

“哦，别再这样了！”赫欧怒了，“我已经告诉过你了——太空旅行结束了！”

“亲爱的赫欧，”玻尔兹曼说，听起来很老套，“你的评论与现实不符！”

“不是吗？”赫欧突然对自己和她所了解的世界变得不那么确定了。乔治想知道她要多久才能从“泡泡”的幻觉中醒来。

他们现在正在一望无际的平原上飞行，目之所及的沙地上泛起一圈圈涟漪，没有树木、城镇、道路或城市，有的只是无边贫瘠的土地。乔治认为他可以看到某些地方有一些印记，也许曾经是一条高速公路或一个小镇，但却没有明确清晰的事物指明确有其事。从他们身后的太阳位置来判断，他意识到他们正在向北飞行，希望朝着纳-赫阿尔巴飞去。

“太空旅行，”玻尔兹曼慢慢道，“在伊甸园的统治下一直在继续，只是不是以乔治和我用我们那个时代所理解的方式而已。”

“什么时候开始的？”赫欧问，“始于——哦！”她喊道，“我现

在记得了！你告诉我的！你说你来自太空，来自另一个时代！我怎么忘记了？”她看上去很困惑。

“九天暂时让你的短期记忆晕眩了。”玻尔兹曼说，“现在，当我们离开‘泡泡’时，它又回来了。”

“太欺负人了！”赫欧看上去有些受伤，“这是我的记忆，不是天天的！为什么允许他乱动我的大脑？”

“因为伊甸园不像它看起来的那样，”乔治说，“我们必须帮助你摆脱困境。”

“去奇迹学院，对吧？”赫欧希望得到证实，“我们到了那里一切都会好起来的，我会找到‘泡泡’中我的朋友，我们会再相聚，一切都会好起来的。”她极其希望他们给出肯定的回答。

乔治叹了口气，他感到为难，但玻尔兹曼告诉他要小心行事。

也许，如果他们能说服她“泡泡”是伪造的，那么她就更容易面对其余的问题。他真的很想知道。

“玻茨，”他坚定地说，“关于太空旅行？天天是怎么给你说的？”

“太空，”玻尔兹曼说，“在特雷利斯·邓普二世全权接手他父亲之后，太空成了一个非法区域。这些公司希望确保没有人能监视他们或从太空射击导弹。因此，他们禁止所有的太空探索，并告诉公众这是对资源的巨大浪费。但实际上，这是为了阻止其他人变得更强大。”

“但在我过去的世界里，太空都是关于国际合作的。”乔治悲伤地说。“天空中那些移动的光呢？他们是什么？”

“哦，天空中的活动。”玻尔兹曼说。“九天怀疑一艘轨道飞行器——至少一艘——是由邓普政权发射的。”

“妮穆不知道吗？”乔治问，“如果她在伊甸园是个大人物的话？”

“甚至是妮穆也没有得到许可，”玻尔兹曼说，“尽管她是科学部长。这似乎是伊甸园最大的秘密。”

“太空任务的目的是什么？”乔治说。

“什么都有可能。”玻茨说，“可能是一个空间站，也许还有导弹，或是另一边的间谍，或者以上皆有。”

“哇，”乔治说，“但是应该没有人知道？”

赫欧听着不由得惊讶地张大了嘴。“我觉得你俩都疯了！”她气愤地说，随即又转过头去看外面。“但愿你们了解一个男孩和一个机器人发疯时的表情。”

乔治认为，作为一种启蒙赫欧的尝试，他关于太空的问题完全失败了。她没有发现自己的世界是疯狂的，而是认为乔治和玻尔兹

曼是疯狂的。

他们下面的风景正在变换。从平坦干燥的平原变成山脉和丘陵，地势逐渐升高，仍然几乎没有植被。巴士灵巧地飞过崎岖不平的山峰。一直到最高点，山脉仍然是棕红色的，山峰并没有覆盖冰雪。

乔治开始觉得有点不舒服了。巴士起初有点颠簸，倾斜得很厉

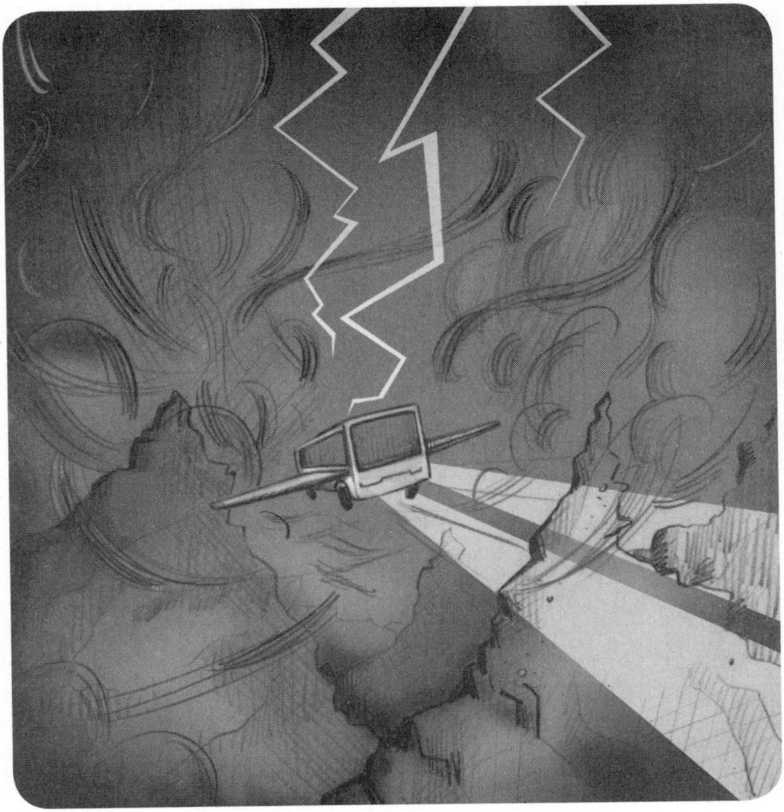

害，然后下降，然后又升起来。外面，一团黑雾弥漫开来，前面的路更难看清楚了。但这不仅仅是雾——乔治惊恐地意识到，他们飞进了一场巨大的雷雨——暴风雨即将在他们周围爆发。巨大的雨滴打在挡风玻璃上，巨大的闪电从旁边一闪而过，划破紫灰色的卷云。

“你确定这辆无人驾驶的巴士会飞吗？”乔治说。这时他们刚好避开了一根突然从浓雾中冒出来的石指山峰。

“这是一场大风暴。”玻尔兹曼说，听起来很担心。“比我们在地球上所经历的任何时候都要凶猛。我对气象状况非常担心！”飞车向右转向另一边的山峰，他们被急转弯甩作一团。

“嘿！”赫欧愤怒地说。与乔治不同的是，她被绑在座位上，随着飞机 / 巴士颠簸着前进。“这又不是注定要发生的事情！”

“哎呦！”乔治喊道，他正抓住巴士边上的一个把手，防止再次急转弯时被甩开。他不小心踢到了玻尔兹曼的脸。“对不起！”这时巴士也已更正了航向。乔治爬回座位。有那么一刻，他们似乎能穿越暴风雨。暴风雨像一个愤怒的巨人气得在地上跺脚，围绕着他们汹涌而来。

但这辆小飞车可比不上那么无情的大风。在强烈的飓风冲击下，可能被一座山撞倒，被巨大而明亮的蓝白色闪电刺痛，被紫色云朵上的巨大雨幕猛烈地击打，他们开始下降并放慢速度。现在巴士正沿着树梢穿过浓雾，仿佛是在飞越一片茂密的森林。

发动机发出不太对劲的噪声。一只翅膀似乎被暴风雨刮掉了，但驾驶舱内部的模型是完全平滑的——似乎没有任何机载控制装置可以让飞行员来手动操控。他们甚至不知道如何开门以便能跳出来。

“我们不能让这辆巴士继续飞行了！”当乔治意识到发生了什么事时惊恐地说道，“我们该怎么办？你能打电话给九天吗？”

“九天现在帮不了我们！撑住，撑住。”玻尔兹曼说，把他机器人的头埋在膝盖中间，“这是我们唯一能做的了。”

他说这话时，巴士又往下掉了，掉进了一片树丛，不断有树枝划过车身，最终停了下来……

第十一章

“出去？”赫欧愤怒地说，“我不能出去！这不是奇迹学院！”

他们安全着陆了，这架小型飞机 / 巴士正设法降落到林地上，但具体是哪里呢？

“这是什么地方？”当车门打开时，乔治问玻尔兹曼。一股咸雾渗入了车内，他闻了闻，空气中有一股硫黄的气味、腐烂植物的气味和浓烟的刺鼻气味。雾气太厚重了，以至于乔治觉得他都能吃到空气了。“我们还在地球上吗？”他知道他们一定还在地球上，但这和他们离开时的气候大相径庭，以至于他不敢相信他们是在同一个星球上。

“这里是沼泽。”玻尔兹曼说。多亏九天为他更新了伊甸园的相关信息。

“呸，呸，呸！”赫欧喊道，“可怕！让巴士起飞，那样我们才能到达奇迹学院。”

“我们不是打算来这儿的，对吧？”乔治对玻尔兹曼说。透过浓雾他能看到一小块地，那里的泥土好像踩上去就会把他吸进去。

“不，我们已经紧急着陆了。”玻尔兹曼确认道，他看起来很担心。

乔治向外望去，他看见巴士的另一只翅膀在降落到地上的过程中被扯下来了，只剩下飞车的残骸。乔治发现，很幸运，他们都没有受伤。

“为什么这个地方这么奇怪?”赫欧抱怨道，她显然在等门关上，等她的交通工具再次起飞，像变魔术一样，像以前在“泡泡”里做过很多次那样。

“现在看来，地球的气候带明显不同了。”玻尔兹曼说，“我们从一个没有降雨的沙漠地区来到了另一个强降雨地区。”

仿佛是在附和机器人的话，听起来像泥泞打嗝的巨声和咕叽声

在他们耳边回响。

“现在怎么办?”乔治问。他不喜欢这个目的地的样貌，但至少他们是在地面上，而不是卡在树上或山岩上。

“我不出去。”赫欧坚定地说,“我打算去奇迹学院，那里的一切都美丽而闪亮，我所有的朋友都住在吊舱里，并在那里学习一些很酷的东西。”

但是巴士却有其他的想法。“此自动运输工具将在 30 秒内自毁。”它发出一个通告,“立即离开车辆。重复:它将在 30 秒内自毁。任何类人动物或机器人都必须立即疏散。”

赫欧脸色煞白。

“快动，赫欧!”乔治说着解开了她的安全带,“带上你的背包。我们得走了!”

但赫欧似乎不能挪动。

“你不能待在车里——它会在 20 秒内爆炸。”

“十九。”自动语音播报。

乔治想把赫欧抱起来，但她对他来说太重了。他疯狂地四处张望。他必须把她救出来，他不能待在车上等着它引爆或启动它安装的自毁装置。他只是想知道他是否能从车里跳出来，用某种方法把赫欧拖到他身边，这时玻尔兹曼决定出手做点什么。

这个巨大的机器人冷静地把赫欧抱在他长长的金属臂里，紧紧地抱住她，防止她摇晃，然后从车里走了出来。玻尔兹曼在车外的沼泽地中下沉了几厘米，泥已经渗入了车身两侧，但他和赫欧出来了。

“来吧，乔治!”玻尔兹曼说，他仍然牢牢地抱着赫欧。乔治没

有犹豫，他把妮穆给他的两个背包捡起来，从车里跳了出来，跳到一块杂草丛生的地上，重重地摔了一跤，草地上的土似乎比其他地方都坚实一些。他尝试远离巴士，他预计巴士会爆炸。但相反，它似乎一个接一个地溶解了，一个原子接一个原子被拉开。过了几秒钟，什么痕迹也没有留下，就好像消失了一样。

“哇！”乔治躺在地上说，“那是怎么发生的？”

“生物可降解材料的顶级技术？”玻尔兹曼猜测道，“或者它自己雾化了？”

这个老机器人把赫欧轻轻地放在乔治旁边的一块草地上。她立刻坐起来，背挺得笔直，脸上带着震惊和困惑的表情。

“这到底怎么回事？我们现在应该在奇迹学院！”她说。

乔治认为现在还不是向她透露他们永远不会去奇迹学院的好时机，他不知道学院在哪里，而且，即使他去了，他也会被明确要求带着赫欧去别的地方。他希望玻尔兹曼有一个撤退计划。

“玻茨，现在在哪儿?”他挣扎着站起来，打开一个背包，拿出净水器。他在上半部分灌满了大水坑里潮湿发臭的液体，惊讶地看到清澈的水滴落到底部。“这不错！”他说着喝了一大口。他拿出第二个净化器，把它装满，递给了赫欧。

“嗯，”机器人花了些时间仔细观察周围的浓雾，然后指着一个方向说，“那边！”

乔治朝那个方向望去，但由于雾太厚重，什么也看不见。“为什么是那边？”他问。

“别担心，”机器人安慰道，“我很清楚自己在做什么。九天给了我所有我们需要的信息。我是终极资源。你可以依靠我把你们一路

护送到目的地。”

“但这不是九天计划的一部分，是吗？”乔治说，“我们被反常的天气拖垮了。”

“没那么丧。”玻尔兹曼说。“气候变化的影响，”赫欧咕哝道，“意味着天气完全失控了。我要感谢我的明星机器人，我们降落在森林里，而不是在倾盆大雨的瞬间！水对于这个有用的机器人的自我调节来说没有任何帮助！”

“你能给天天打个电话，并看看我们现在该怎么办吗？”

玻尔兹曼看上去很不安。“九天只要求我在紧急情况下联系他，否则我们会暴露我们的位置。我认为这不是紧急情况，这只是暂时的。”

“你如何联系九天？”乔治问。他打开几条冻干的食物，给了赫欧一条，自己大口嚼着另一条。

“像这样。”玻尔兹曼似乎在对着自己的手掌心说话，“九天，”他模拟着说话的样子，“老鹰已经着陆。”他轻声笑着，手掌啪的一声合上，对乔治和赫欧微笑着。乔治突然觉得玻尔兹曼似乎乐在其中。

“你在对着什么说话？”赫欧问道。乔治很欣慰，她似乎恢复过来了。

“这叫作掌上飞行员。”玻尔兹曼展示了一个与手掌相连的 iPhone 大小的设备。它整齐地安装在他的大机器人手上，“九天给我的，它将规划我们的路线，并允许我们与他沟通，如果我们需要的话。但请相信我！我不会让你失望的。他透露说，这是我一直渴望的使命。有机会成为一个真正有用的机器人。”

“那东西能显示你想到达的任何地方的路线吗？”赫欧悄悄问道，

一边吃着她的能量零食。

“当然！”友善的机器人微笑道，“它已经为我们规划了一条新的道路，让我们沿着伊甸园的首都伊甸城邦的方向穿过沼泽地。”

“很好！”乔治说。也许玻尔兹曼是对的，这并不是一场彻底的灾难。他还记得妮穆给他的地图。他把手伸进后口袋……但他只拿出一张湿透了的泥泞的纸，纸在他手里碎作一片，七零八落。

玻尔兹曼朝他微笑。“纸只能做这么多，乔治。”他说，“现代技术更有弹性。”他再次挥挥手。

“伊甸城邦！”赫欧高兴地说，“哇！真是个好地方。它是由玻璃和黄金制成的，飘浮在云朵上！这是世界上最美丽的城市。”

乔治想知道现在世界上有多少个城市，最美丽的城市是否还有意义。

“从那里，”玻尔兹曼继续说，“我们将得到下一个交通工具。但我们必须非常小心——伊甸城邦很漂亮，但很危险。到处都是间谍。”

间谍？乔治心想，目光凝视着黑暗。为什么他并不感到吃惊？伊甸园会如何经营？“我们走吧。”

“我会带上赫欧的，”玻尔兹曼说，希望自己能一如既往地有用。

“不必！”赫欧说着跳了起来，“我自己会走路！”

“跟着我。”机器人说，“跟近一点。”他打开钳子般的手指上的灯，让他们可以看得更远。白色的灯光试图穿透雾气，却变得冒烟和浑浊，只能大概分辨出他们是在一片森林空地上。

当玻尔兹曼把灯指向上方时，他们看到参天大树被雨水淋湿，上面覆盖着厚厚的苔藓。树枝弯曲成波浪形，弯成奇形怪状，好

像在头顶上织了一个树冠。树下又长出一层茂密的矮树，长满了叶子的蕨类植物和缠绕的匍匐根茎。每棵树都有数百片厚厚的深色叶子。一股淡淡的香味从这片陌生的森林中散发出来，甜甜的味道、泥土的气息和果香。

“那些是无花果树！”乔治擅长植物学。过去，他爸爸最爱园艺，乔治从他身上学到了比他想象中更多的东西。他能看到熟透的水果挂在巨大的叶子下。

“无花果是什么？”赫欧问，伸出她的手去触摸那棵树，然后在她接触到的时候收回手来。她小心翼翼地在连体衣上擦了擦手，留下了深绿色的污点。

“尝一个试试看。”乔治说。他和父母一起长大，他们是觅食者。他抓起一个多汁的深色无花果，递给赫欧。她皱起了鼻子。乔治自己又挑了一个，一口咬下去。“很好吃，”他说。“来吧，试试看。”

赫欧咬了一小口。她揉了揉脸，但随后她感觉到舌头上的甜蜜。“哦！”她惊讶地说，“真好吃！”乔治想知道她以前是否吃过真正的食物，或者只吃过粉末、药丸、混合物和冻干的高能零食。

“无花果是一种史前植物，能够在许多不同的环境中茁壮生长。”玻尔兹曼说，他正在查看九天给他的科普文件，“它可以挤占别的物种的生存空间，树根可以穿透像混凝土一样坚硬的物质。”

“什么是混凝土？”赫欧问。

乔治环顾四周，这里和那里都是棱角分明的形状，可能是建筑物的残迹。当玻尔兹曼的光芒照在他们周围时，乔治想他可以辨认出与充满活力的无花果交织在一起的过往建筑的轮廓。

“你认为无花果占领了整个城市吗？”乔治问。他曾与父母一

起，从遥远的过去看到被摧毁的城市——古代文明的遗迹。想到他在地球上所认识的那些城市现在可能会变成废墟，真是令人费解。

“是的，”玻尔兹曼说，“我相信这曾经是贵国北部的一个大城市。”

“那你知道它叫什么吗？”乔治问。

“曼彻斯特，”玻尔兹曼说，“你知道那个地方吗？”

“知道，”乔治悲伤地说。“现在不认识了，至少将来还有树。”他继续说，努力集中精力做一些积极的事情，“但是我们要怎么通过呢？这里没有路。”

“如果你允许的话，”玻尔兹曼说，“我想尽我的程序所能提供帮助！”他把植物连根拔起，向前推进，为赫欧和乔治开辟了一条道路。

“无花果林里有捕食者吗？”乔治边走边紧张地问玻尔兹曼。他不安地四处张望。现在他们在树林中，奇怪的回声在雾中、在他们周围回荡。不可能知道它们来自哪里，或者它们曾经是什么。有时它们听起来像鹦鹉的叫声；有时它们像金属钻或奇怪的幽灵般的低语，就在乔治的耳朵旁边。有时，他们以为听到了远处的轰鸣声。

“我在山上发现了一只豹子，”玻尔兹曼冲锋在前，赫欧踮着脚走在后面。“所以不是所有的大型猫科动物都灭绝了。我相信九天可能也提到了一些关于 DNA 实验……”

就在那一刻，乔治听到他左边传来一声嘶哑的咕噜声。当他试图专注于噪声的时候，他辨认出一个脚后跟丰腴的生物脚步声，并且似乎和他步调一致。他放慢了速度——他们似乎也放慢了速度。他加快速度，撞到了赫欧的后背，那脚步也加快了。但后来他们停

了下来，森林又恢复了寂静，只剩下玻尔兹曼在灌木丛中砍来砍去、赫欧的喘息声和乔治快速的呼吸声。所有其他的声音都消失了，就好像那天晚上森林里正在发生一件巨大而可怕的事情，没有人想因为发出声音而暴露他们的位置。

“有什么东西在跟着我们。”他试图对前面的两个人低声说话，但玻尔兹曼太忙于摸索出一条路，而赫欧也太想跟上玻尔兹曼，听不见他说话。但是接下来的声音太大了，森林里所有的生物都听到了。

令人毛骨悚然的咆哮声从浓雾中冒出来，这是乔治以前从未听过的声音，但他的原始本能告诉他这是捕食者闻到猎物气味后发出的声音。玻尔兹曼立刻停下来转了一圈，把赫欧推到身后。她张开嘴尖叫，但没有出声。乔治心想千万不要有什么大事儿。噪声又来了，这一次太大了，淹没了其他一切声音，接着乔治听到一只大动物在舔着它的嘴，期待着大吃一顿的声音。

“它在哪里？”乔治问道，他的血管里充满了恐惧。“那是什么？”

他和玻尔兹曼绕着赫欧转了一圈，玻尔兹曼将灯光照进黑暗中，寻找跟踪他们的野兽。他们听见地上有东西在抓地，又听见一声吼叫，接着，一只长着黄色尖牙的条纹巨兽突然从黑暗中向他们扑来。

玻尔兹曼巧妙地向前走去，挡住了乔治，并承受了整个撞击力。当玻尔兹曼向后摔倒时，赫欧和乔治跳到一边，老虎扑在玻尔兹曼身上。乔治觉得自己好像僵在了原地，看着老虎试图撕开玻尔兹曼的金属身体。几分钟后，机器人和老虎在地上厮打，这只野兽因试图咬金属而发疯。玻尔兹曼的手臂紧紧地搂着老虎，就像他们之前

对赫欧所做的那样——但是老虎是一个比小女孩更可怕的对手。乔治试图思考：如遇老虎袭击你该怎么办？但是他的大脑感觉像身体一样卡住了。他所能想到的只是老虎来喝下午茶——而这只老虎不是任何人都会邀请进来喝咖啡、吃烤松饼的。它看起来更像一只……剑齿虎！但是它们已经灭绝了好几个世纪了！怎么可能……

乔治旁边的赫欧惊恐地睁大眼睛看着野兽啃咬着他们的机器人向导。但她突然跳了出来，扑到动物的背上，用小手拍了拍它，然后大喊：“滚开，你这个大恶霸！放开玻尔兹曼！”乔治意识到她根

本不知道自己所处之境有多危险。他跳上前抓住她，把她扔到一边，然后试图爬到那只巨大的老虎油亮的皮毛上，看他能否把它从玻尔兹曼身上扒下来。不知怎么地，他设法爬了上去，用胳膊搂住了它的喉咙。

但是，当他这样做的时候，老虎发出的声音改变了。它厌倦了啃咬机器人僵硬的肉。玻尔兹曼并不是它期待中的美味佳肴。现在它正努力逃走，用它巨大的力量和体重从机器人手中挣扎着抽脱出来。到目前为止，玻尔兹曼的金属身体已经经受了太多考验，由于没有任何形式的修复或休息，在经历长途太空旅行的情况下而变得虚弱，他的手臂疲劳无力，无法握紧发怒的老虎的光滑毛皮。

随着一声巨大的吼叫和金属破碎的尖叫声，老虎挣脱了，乔治仍然紧紧地抓着老虎的背，好像他在参加一场竞技表演，而老虎则是一只猛扑的野马。它把脸转向赫欧，停了下来，一边嗅着空气，一边舔着它丰腴的嘴唇。乔治能感觉到那个野兽把赫欧视为一顿美味的晚餐。他试图握紧拳头，他的手放在老虎下巴下面柔软的毛皮里，他的胳膊被那只大猫长长的胡须拂过。当它舔嘴唇时，一些温热的老虎唾液弹到乔治的手上。

乔治凝视着这只动物竖起的耳朵，注视着它倾斜的琥珀色眼睛、长长的弯曲的牙齿、磨砂的橘色毛皮和白色胡须，感受到时间慢了下来。它蹲在它的后爪上，准备向刚刚站在那里的赫欧冲去，她的脸在森林的黑暗中变成一个模糊的椭圆形。

“对不起。”乔治大声喊道，也不太知道是冲谁喊的。也许是为了赫欧，因为无法拯救她；为了他的家人，因为他登上宇宙飞船时留下了他们。但最重要的是，他最好的朋友安妮，多年前，当他带

着一个供公司使用的机器人进入太空时，他也抛弃了她。“对不起。”老虎最后一次发出刺骨的嚎叫，准备跳起来时，他重复道……

第十二章

乔治从那只直立的野兽身上滚了下来，希望能在它面前着陆，这样至少能分散它的注意力，让赫欧离开。他仰面倒在泥泞、黏糊糊的林地上。老虎感到一阵骚动，前爪轻轻落地，转过身来，睡意朦胧地朝乔治笑了笑，这是丛林中最强大的捕食者得意的微笑。当然，结果是老虎行动缓慢，几近懒散，似乎它在沾沾自喜地享受它的胜利。

如果乔治没有耽误老虎的时间，如果它跳得快一点，它可能会在玻尔兹曼重拾力气给它重重一电击之前，伤害它的猎物。幸好乔治争取到了刚刚够的时间。当老虎向他低下头，舔着嘴唇，露出牙齿时，一支小飞镖从玻尔兹曼的手指尖上飞了出来，落在了那只野兽身上，那只野兽在倒下前发出了巨大的吼声。它离乔治很近，能感觉到它呼吸的热气，能看到它强壮的下巴上一排锋利的门牙。

野兽发出震惊而非胜利的嚎叫。不管飞镖里装的是什么，它的力量足以把老虎打昏。它好像在跳跃中停住了脚步，前爪伸了出来，张开嘴，眼睛打转，然后侧身猛倒，发出巨大的撞击声，巨大的躯体穿过一层层的植被跌落到森林地面，撞上了一条柏油路的残骸。就在它漂亮的脑袋下面，嘴巴还张开着，是早已被遗忘的道路交通

标志的痕迹。

当震惊的乔治向下凝视着这只巨大的哺乳动物时，他可以看到它躺在一个禁止停车的标志上面。在一纳秒的时间里，他的脑海里回荡着一个念头：这个地方在他那个时代一定是城市的样子——汽车、人群、建筑、喧闹、孩子、商店和学校。

一个金属的喘息声和一个人类的呜咽声把乔治带回到了现实。他仍然像一尊蜡像一样站着，他抬头看了看赫欧，伸出手指指着那只野兽，而她却无声地说一些莫名其妙的东西。乔治走到她跟前时，她重重地坐了下来。她似乎失语了 。她摇了摇头，蜷缩成一团，陷入了深深的惊愕之中。

乔治检查了一下赫欧，考虑到当时的情况，她已经尽可能毫发无伤了；然后转向玻尔兹曼，这台旧机器人刚刚救了他们两人的命，

但却为他的勇气付出了沉重的代价。“你还活着！”

“不，”波尔兹曼怒气冲冲地说，他躺在地上一堆无花果叶的窝里，身上散落着一些金属碎片，像一个光环。“从来没有活过，我只是一台机器。”

乔治跪在他旁边的泥土林地上，打断了昆虫的路线，昆虫们忙着在他周围寻找新的线路。乔治的思绪还在刚刚的震惊之中神游，他心想伊甸园中生命真的是一个谜。机器人似乎活着；城市已经死了。唯一看起来繁盛的物种是昆虫。已经灭绝的动物又回来了，但一切正常的东西似乎都已经消失。现在，他与过去所了解的生活的最后一丝关联陷入了可怕的困境。

“你对我来说不仅仅是一台机器！”乔治说，“你是我的朋友！你和我一起穿越太空！”

“谢谢你。”玻尔兹曼说，“我只想交个人类朋友，这是我唯一的目标。我现在很快乐。”机器人闭上眼睛。

“你真是个好机器人。”乔治说，他又觉得泪水涌上了眼睛。玻尔兹曼和他一起经历了整个太空探险；从 Kosmodrome 2 的意外发射到穿越太空，然后再次回家，结果发现它不再是家了。没有了玻尔兹曼，乔治感到自己被遗弃在这个陌生的未来世界里。

“我会修复你的，”他绝望地说，试图把玻尔兹曼的碎片收集起来。“我会把你带到一个可以修理你的地方。”

“不。”这位“善良的机器人”命令道，它是同类机器人中唯一的一个。玻尔兹曼是由疯狂的狂妄自大的玉衡天璇制造的，他很侥幸成为一个获得知觉并被编程为尽可能好的机器人，甚至连玉衡天璇都不太明白他是如何用这种方式创造玻尔兹曼的。其他的机器人

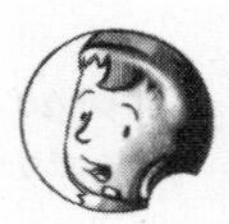

既残忍又卑鄙，乐于践踏任何形式的生命来满足主人的愿望。只有一个玻尔兹曼，现在看来，乔治失去了他唯一的自动化朋友，在他最需要他的时候。

“你无法修好我。”玻尔兹曼说。“我完蛋了。镇静剂飞镖是我最后一个动作——自动射击会使我的系统开始关闭。”

“为什么？”乔治喊道，“为什么会这样？”

“这就是天璇塑造我的方式。”玻尔兹曼温和地说，“这是为了确保我不会落入敌人手中。它只在最可怕的情况下使用，给我时间清理我的系统，这样就不会有任何信息被窃取……把我手掌里的设备取走！”他伸出一只机器人手。

“什么？”乔治说。

“拿走！”玻尔兹曼说，“取走掌心飞行员！那样你才能联系九天 。”

乔治握着机器人的手。他的手掌里有一个小装置，乔治必须把它拆下来。当他的机器人还活着的时候，他无法忍受这样做，感觉像是撕裂了身体的一部分。他只是不能再残害他可怜的老朋友了。

“拿去吧。”机器人轻声叫道，又睁开了他的眼睛；但它们已经模糊了，不再是过去炽热明亮的眼。“计划是……”

“计划是什么？”乔治疯狂地问。他不仅要失去朋友，还要失去这次旅行的所有信息，以及他接下来该做什么。“我该把赫欧带到哪里去？我该怎么办？”

“去伊甸城邦，”老机器人说，“在那里，你会发现的……”

“什么？”乔治绝望地说。“我会发现什么？”但是没有答复，已经太迟了。玻尔兹曼——乔治的朋友和助手，他在这个陌生的荒野

中的保护者，“计划”的持有者——已经不复存在了。

“不！”乔治说。他弯下腰，俯身看着他那破旧不堪的机器人。他轻轻地用前额撞击玻尔兹曼的胸部。“不！”他把头埋在冰冷的金属上哭了。他哭了，不仅是为了玻尔兹曼，还为他失去的一切：他的妈妈，他的爸爸，他的妹妹，他最好的朋友安妮，以及他的生活方式，他曾经以为日复一日稀疏平常的生活方式；好吧，除了偶尔通过 Cosmos 不可思议的入口进入太空旅程。

乔治从来没有认真考虑过，如果他走了，当他归来时，他所爱的一切都会被推翻和毁灭。失踪的不仅仅是他的房子，他的街道，他的家人。地球已经发生了前所未有的变化。什么都不像他记得的那样。他躺在那里，头靠在玻尔兹曼的胸口上，咸咸的眼泪顺着善良的机器人的胸口流下。乔治现在筋疲力尽，甚至都不敢害怕。

他不知道自己在那儿待了多久，但过了一段时间，他才模糊地想起来，他可能应该从自己的位置上起来，站在玻尔兹曼和无花果林地之间。当他模糊地向上凝视时，他现在可以在树间辨认出各种形状——这些形状看上去像是曾经的建筑物。他意识到，他们躺在可能是主要道路的中间。两边都是半壳结构——这里是一个门口，那里是一个窗框的一部分。无花果林里甚至还缠绕着路灯。光不再亮了——不久，直立的金属杆就完全被植被覆盖了。

他太累了。他知道他必须站起来，唤醒赫欧，继续前往伊甸城邦，然后向纳-赫阿尔巴的浮岛前进。但他口袋里已经没有地图了，不知道该往哪个方向走，也不知道该怎么走。

赫欧在这个诡异、危险的世界里是安全的。

乔治一定是睡着了，因为他再见到雾蒙蒙的无花果林里的光线时已经变色了。现在是一种灰黄色，带着耀眼的光芒，很难看清。

但并不是这种灯光唤醒了乔治，是有人用脚轻推他的腿。乔治抬起头来，用手遮住眼睛。他以为这一定是赫欧，但突然意识到一个奇怪的毛茸茸的身体正俯身在他身上。乔治张开嘴大叫，但这个幽灵对他来说太快了。就在乔治正要尖叫出声的时候，他发现嘴里塞满了软软蓬松的东西，使他无法出声。

“别喊了，”新来的人说，听起来好像随时都可能大笑起来。“你

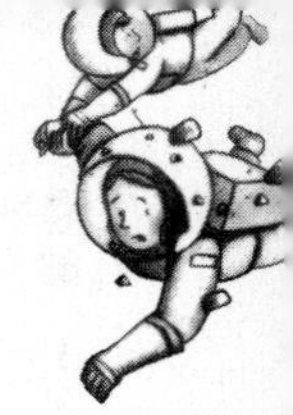

会把猎童引过来的。”

说话的那人无论是乱蓬蓬的身躯还是声音都让人觉得像个人类男孩。

第十三章

“你是谁?”乔治含着满嘴感觉像皮毛的东西问道，但得到的回答是，“哦，那你呢？”他看到的是一只轮廓像獾一样的东西——有黑白条纹的皮毛和小耳朵。

“嘘！”一只看上去很像人类的手伸出来，拉开了黑白相间的帽子。乔治现在能看见两只非常明亮的眼睛在圆圆的脸上闪烁。

“你好！我是阿提库斯。说直白点，你是谁？你在我的森林里干什么？”

乔治指着塞得满嘴的皮毛，摇了摇头，脸上写满了恳求，阿提库斯笑了起来。

“好的，我把它拿出来。”他扬起眉毛说，“但不要喊！我很友好，但并非森林里的每个人都像我一样。”

乔治点了点头，阿提库斯取出塞在他嘴里的皮毛，把他拉到脚

边拍掉灰尘。

“其他的一些人，”阿提库斯做了个鬼脸继续道，“他们可没那么有趣。你真幸运，被我给发现了。”他看着下面的老虎，对乔治咧嘴一笑。“你把那疯狂的老东西打倒了！干得漂亮。”

“不是我，”乔治说，“是我的朋友！”他有些哽咽。

“什么，那个小人儿，”阿提库斯惊讶地看着沉睡的赫欧说，“她把那只老虎打倒的？”

“不，是一个金属人，在那边。”乔治说。阿提库斯穿得很奇怪，乔治觉得他可能没听说过机器人。

“一个铁人，”阿提库斯沉思道，“他剩下的部分不多了，是吗？老虎和你的金属朋友交过手。”

当乔治意识到玻尔兹曼现在只不过是一堆碎片的时候，他的心猛地一颤。

“那这是谁？”阿提库斯用脚趾戳了戳赫欧。她继续沉睡着，一动不动。

乔治已经喜欢上阿提库斯了，在这个陌生的世界里，他真的需要一个新朋友。“那是赫欧，我是乔治。”他说。

“名字好奇怪。”阿提库斯说。

乔治想，也许在未来阿提库斯是男孩子比较正常的名字。乔治咳嗽了好几声。

“来，喝这个。”阿提库斯说着便把一个看起来像动物皮做的瓶子递给他。“没事儿，只是清水而已。”

乔治很感激，赶紧喝了口水。

“你是怎么……”阿提库斯似乎在思考，“你是怎么和赫欧以及一个金属人出现在我的森林里的呢？”

“说来话长。”乔治坦言道。

“太好了！”阿提库斯兴高采烈，“你可以在聚会上说出来！他们喜欢听长故事。”

尽管乔治真的不知道阿提库斯在说什么，但他还是忍不住笑了笑以示回应。但此时，阿提库斯蹲下来把耳朵贴在地上，然后又跳了起来。

“我们必须得走了！”他宣布道，“老虎的消息已经传开了。有传言说猎童就在森林里，正在四处寻找……我们不要等着被发现！赶紧！”

乔治指着赫欧。

“啊！”阿提库斯说，“我们不能扔下英雄。”

“实际上，她的名字是赫欧。”乔治试图解释，但觉得自己有点傻，“她并不是一个英雄。”

“也许有一天她会是的。”阿提库斯高兴地说，“但如果我们把她留在森林里就不行了。”

这个男孩把赫欧放到肩上，他胳膊上的肌肉微微弯曲，但却并不比玻尔兹曼抱赫欧更显吃力。

“准备好了吗？”

乔治眨了眨眼。“你能抱得动她？”他之前试过，但没能把她抱离地面一厘米。

“只要我愿意，我可以拎起老虎。”阿提库斯吹嘘着，鼓起他瘦削的胸膛。

“不，你不能！”乔治轻蔑地说道，他的连身衣现在全是泥、树叶和碎片，除了皮毛帽外，他看起来和阿提库斯很像。

阿提库斯又笑了。“可能不是个好主意。那个疯子可能会醒过来咬我的头！”他又嗅了嗅风，边走边聊，赫欧在他的肩膀上摇晃。“你也是在我们的吉日来的。我妈妈没许诺什么，但我真的真的很想在今晚的聚会上更上一层楼……”

“等等！”乔治跑回玻尔兹曼那死气沉沉的身子边。显然，阿提库斯的夹克口袋里没有 iPhone，乔治意识到，如果他现在不这么做的话，那么他会失去也许是这整个森林里唯一的通信设备。“对不起，玻茨。”他一边说，一边把掌心飞行员从机器人手上的残骸中取走，塞进了口袋。“什么级别？”他接上阿提库斯的话问道。

“勇士王国！”阿提库斯惊讶地说，“你来的地方不是有个勇士王国吗？那个地方究竟在哪儿？”

“不是，”乔治说。他想，那只有在电脑游戏中才有，但他不知道如何向阿提库斯解释。他们仍在灌木丛中艰难地爬行，但这次走的是一条小路。阿提库斯突然停了下来，似乎在检查空气本身。随着光线变得越来越亮，越来越黄，森林开始活跃起来——乔治能听到鸟儿在彼此呼唤，猴子在叽叽喳喳，昆虫在咕噜咕噜，在所有其他声音中，还有一个更低、更吓人的、遥远而刺耳的音调，仿佛是

什么险恶的东西在移动。

“我们得上去。”阿提库斯悄悄说，“我们在这里不安全。我想我能闻到风中猎童的味道。”

“猎童是什么？”乔治问。不管是谁，不管是什么，这个名字听起来都不太好。

“我们不想见任何人，”阿提库斯说，“他会把我们塞进麻袋里，然后把我们拖出森林。”

“但是为什么呢？”乔治说。

“因为这是伊甸园的工作方式。”阿提库斯说，所有欢乐的痕迹都从他的脸上抹去，眼睛也变得僵硬了。“你知道他们说这是潜在世界里最好的吗？不是的，这是最糟糕的。”他把赫欧轻轻地放在森林的地面上。“来吧，小英雄！”他双手紧紧地握着她。赫欧醒了。阿提库斯弯下腰来，捏了捏耳垂的肥厚部分。“起来！”当赫欧睁开眼睛时，他高兴地说。“快起来！该走了！”

赫欧张大嘴巴表示抗议，但阿提库斯反应迅速。他用一只脏手捂住她的口，另一只手把她拉了起来。

乔治插话了。“对她耐心点，”他说，“她还不适应森林。”

“她使我们的速度慢下来。”阿提库斯谨慎地说，“我们得快点爬上山顶。”就在这时，森林里传来更大的隆隆声。

“她可以的。”乔治希望赫欧能做到。

阿提库斯把手从赫欧的嘴上拿开。她看起来很生气。

“是我让你们慢的！”她怒气冲冲道，“如果是的话！”——她怒视着阿提库斯——“请你放我下来！我又不是婴儿，我不喜欢这样！”

“好吧！”阿提库斯笑着抓起一棵多节无花果树的低矮树枝，“你上吧！最后一个到达顶上的是害群之马！”他猛地站起来，乔治紧跟在他后面，他一直都喜欢爬树。

乔治跟在阿提库斯后面往上爬——但他回头一看，赫欧仍站在地上，从“噢”的嘴形能看出她相当惊讶。

“赫欧！”乔治压着声音喊道，“快点！”他站在树上的有利位置，可以辨认出一个又大又重的东西正悄悄穿过森林向她移动。那只老虎！它醒了，它现在又饿又气。

赫欧一动不动。尽管她说出了勇敢的话，但她似乎长在地上了。“我不会！”她低声说，“我就是——不会！”

“赫欧！”阿提库斯在高处着急地喊，“跳！跳上来！乔治——不要再下去了！”

“我必须这样做。”乔治说。他现在不能抛下她。他爬回森林地面，抓住赫欧的肩膀，“爬上这棵树，”他说，“离开地面就行。”

“我不会！”她说，“我从来没有爬过树！”

乔治想起了“泡泡”里的树。她当然从来没有爬过树。如果她试过的话，警报可能会响起来，而且还会扣她的总分！赫欧在现实世界经历得太少了，现在她必须一下子全部学会才能生存。但乔治看到了闪现的另一个赫欧，她曾试图保护玻尔兹曼免受老虎的伤害，所以他知道这个她也能做到。

“你从来没有离开过‘泡泡’，飞进闪电风暴，吃过无花果，走过沼泽或与老虎搏斗！”乔治说，“但你已经做了这所有的事情，赫欧，你能做到！把这当作你的虚拟体操课！”

阿提库斯爬下来，从树上探出身子，伸出胳膊，“抓住我的手。”

他催促道。

赫欧疑惑地看着他脏兮兮的手，乔治几乎能看穿她的想法，她在担心细菌和病毒。但她看了看自己的手，发现和他的手一样脏。他们后面的老虎发出可怕的咆哮，这时赫欧一把抓住阿提库斯的手，被他拉到树上。乔治在她身后晃来晃去，把她推到更高的树枝上去。

但这次的拖延反倒对老虎有利。这只暴怒的动物现在就在树下，坚决不让乔治再次逃走。老虎不顾一切地想抓住它美味的猎物，便扑到树上。令乔治惊恐的是，他发现老虎知道如何爬树！它慢慢爬上树干，用它巨大的爪子和它强壮的腿的力量，像乔治一样向上爬，而且比乔治更快。

乔治上方，赫欧疯狂地向上爬，跟在阿提库斯后面。他下面，老虎用爪子抓住树枝，试图驱赶猎物。但乔治已经逃出它的掌心了——除了他的左腿，老虎锋利的爪子在他的连体衣上划出一道难看的口子，刺进下面的肉里。

“哎哟！”乔治哭了，但又竭力使自己不要弄出动静。被老虎抓伤，但他必须继续爬到树上。在他下面，老虎拼命地想让自己爬得更高。

“老虎来了！”赫欧在他上面尖叫着，她钻进树

枝里。乔治也爬得更高了，他能听到动物喘气的呼吸声。

“这边！”阿提库斯已经到了最高处比较稳定的树枝上，从那里他跳到了另一棵树上，像鸟一样飞进了更高的树冠。令乔治吃惊的是，赫欧跟着他。乔治的腿有些抽搐，但还是不得不挣扎着向他们扑去，却只抓住了一根树枝。其他人已经躲进了茂密的绿荫，而乔治又累又伤，躲进了他们后面的一个树冠。他能听到老虎在看到自己的猎物最终还是逃走后，发出的咆哮——这只老虎太重了，爬不上高处的小树枝。

在旁边的树荫下，绿叶覆盖的圆形树冠里，乔治看到他俩消失在树梢间一条细长的隐蔽走道上。

“跟我来。”阿提库斯走上吊桥说。吊桥是用粗绳捆绑的森林木材密密编织成的。

“这是什么？”乔治惊奇地问。

“这就是我们的出行方式。”

阿提库斯骄傲地说,"我们的人民在森林里建造了这些建筑，这样我们就可以在不受攻击的情况下四处走动。它非常轻，支撑不了像老虎这样沉重的野兽。"他站在走道上摇晃着，等着另外两个跟上他。

"这个安全吗？"赫欧有些怀疑。

"比和剑齿虎或者猎童待在一起更安全！"阿提库斯说。

"和谁？"赫欧问。

"一个坏人。"阿提库斯说,"我们比他聪明。"

"哦，乖乖！"赫欧高兴地说。没想到她似乎还很享受！乔治想起他的另一个朋友玻尔兹曼，便感到一阵剧痛，玻尔兹曼也曾经历过不太可能发生的情况。他告诉自己，他不会失去赫欧。他会把她送到目的地，但有些事情真的令他很烦恼。

"这里有剑齿虎是怎么回事?"我认为这是未来，而不是过去！他心想。

"它们是在实验室里，从一块挖掘出来的冷冻 DNA 碎片中培育出来的。"阿提库斯说,"在很久以前。但后来，当科学变得不合法的时候，所有的实验室都被迫关闭了，所以这些动物逃跑了，现在它们生活在野外森林。"

"对不起！"赫欧说,"事情不是这样的！"

"你怎么知道的？"阿提库斯说。

"我的监护人是伊甸园的科学部长。"赫欧说，显然期待着给阿提库斯留下深刻的印象,"所以实际上我知道很多。"

听到这个消息，阿提库斯怀疑地看着赫欧。"那你为什么在这里，在'沼泽'?"他说,"如果你的监护人在伊甸园如此重要，你为什么要在我的森林里游荡呢？"

乔治插嘴道："我们不是间谍。"他回忆起波尔兹曼早些时候说过的话，"我们只是两个在沼泽里迷路的孩子，我们需要你的帮助。"

"你们要去哪里？"阿提库斯问。

"纳-赫阿尔巴。"乔治说。

"奇迹学院。"赫欧同时说道。

"啊，"阿提库斯看着他俩说道，"你们似乎真的没有这个能力。"

"是，"乔治谦逊地说道，"我们没有。"他以为赫欧会反驳他，但当他看着她时，她点头表示同意。

"这是我一生中最奇怪的旅程。"她向阿提库斯透露，"我认为乔治并不知道他自己在干什么。"

乔治感到心口有点刺痛，尤其是在自己试图保护她之后。但他不得不承认赫欧是对的。他不知道自己在做什么，也不知道接下来该去哪里。另外，他还感觉不太舒服，有点头晕和恶心。

"这个森林里只有一个人能解决这个问题。"阿提库斯说。

"谁？"乔治问，但愿不是猎童。

"我妈妈。"阿提库斯果断地说。赫欧一脸茫然。

"类似他的监护人。"乔治解释道，"有点像。记得吗？当一个人出生，或者，嗯，孵出的时候。"

"哦，"赫欧说，"一样的东西，不同的名字？"

"差不多。"乔治说。

"那'妈妈'住在哪里？"赫欧问。

"在我家。"阿提库斯说，"我带你们到我家去。"

第十四章

走过一系列令人头晕目眩的步道，从一个分支跳到另一个分支，甚至在某一点上采取了类似于拉链的东西穿过森林，阿提库斯终于停了下来。现在天气暖和多了，光和热从昏暗的云层中透出来，洒在高高的树枝上。乔治的连身衣已经干透了，但被老虎划伤的腿还在抽搐。这位体操运动员赫欧证明了自己是一位非常好的旅行者，而且每时每刻都更加快乐。

“现在怎么办？”她高兴地问，“我们在哪里？”

“这是我的家。”阿提库斯指着他前面说。

可以看到在他们前面是一个特殊的建筑，和一座小型的摩天大楼差不多高，像是在几层楼上建造的营地。

“这是什么？”乔治问，“它是怎么建成的呢？”

但正巧在他提问的时候他自己便看到了答案。这座树顶住宅是用一座建筑物的残骸建造的。他抬头看了看长长的钢托梁和混凝土主干，这是以前建在这里的建筑物的框架。树木从各处生长出来，原来的地面也一定就是这样，劈开的树干形成了一个平台，穿得像阿提库斯一样的人们在这个平台上进行日常工作。

一旁的乔治看到一群小孩子聚集在一堆火周围。也有几个是成

年人，他们看起来好像在给孩子们讲故事。孩子们看上去都很入迷。在其他地方，人们做各种各样的事情：修复建筑，做衣服，准备食物。自从乔治到了未来，这是他见过的最奇怪的栖息地。这让他想起许多年前，他和父母曾住在一个营地里，他们试图在那里重塑铁器时代的生活。但是，当乔治和他的父母住在那里的时候，他们没有书或钢梁，也没有谈论 DNA。

"那是……"赫欧打断了他的思绪，"那是——火吗？我是说，真火？"她看起来很激动。

"当然是啊。"阿提库斯说，"怎么会有假火呢？"

"我以前从没见过。"赫欧坦言道，"我只见过虚拟的。"

"好吧，除非你真的想被烧死，否则别碰火！在我们进去之前，我必须警告你——外面的人不准进来这里。"

"为什么不准？"赫欧问，听上去有些受伤。

"在我们的文化中，外面来的人意味着危险。"阿提库斯说，"但是我妈妈是首领。我知道她会想见你的！"

有两个成年人发现了他们，走了过来。

"阿提库斯，"第一个成年人平静地说，"你妈妈一直在找你！我们正要派出搜索队。我们听说有人看见老虎了，她很担心。"

"不必担心。"阿提库斯说。乔治发现阿提库斯不太喜欢这个表情严肃、眼皮耷拉着的成年人 。"看！我回来了！"

"这些人是谁？"另一个又矮又圆、眼睛很小的成年人问道。

"一些朋友。"阿提库斯漫不经心地说。他似乎也不太喜欢她。其他人在这两个成年人的身后慢慢聚集，情绪也随之变化。带着孩子的成年人很快聚集起来，并转移到更远的地方。一切看似很平静。

“他们是外来者，”戴着头巾的女人说。“你知道规则。”

“我想和我母亲谈谈。”阿提库斯挑衅地说，“她决定规则。”

“你母亲相信我们能确保我们社区的安全。”矮个子女人说，“你知道的，阿提库斯，你知道上次她让我们对付你，上次……”她缓缓走开，但威胁显而易见。

赫欧在乔治身后蹒跚而行。

“我妈妈在哪里？”阿提库斯问。

“她在上面。”

“来吧，”阿提库斯转向乔治和赫欧，“我们去找我妈妈吧。”

“你不能把他们两个带到上面去！”第一个女人愤怒地说，“只有通过等级提升的战士才能去那里。就算你是她的儿子，也并不意味你可以违反规则。”

“不能把他们留下来。”第二个女人果断地说，“他们必须离开——立刻。既然你已经暴露了我们的位置，那我们必须决定是否需要拔营继续前进。你知道现在处于危险时期，老虎也在移动，我们听说猎童人就在森林里。如果他抓住你或找到我们的殖民地，我们所有年轻人都将处于危险之中。那将是他们的错！”她指着乔治和赫欧，“是他们把他带到这里来的。”

“他们不能独自离开。”阿提库斯咬紧牙关说，“他们不了解森林，那很危险。”

“和你的朋友一起流放吧，你随意。”戴着头巾的女人说，“我们将以任何必要方式保护这个社区。”

“我想和我妈妈谈谈。”阿提库斯坚持道，“让她告诉我该怎么做，而不是你。”

两个大人交换了一下眼色。“你妈妈不舒服，”其中一个说，“她下令不要打扰她。我们会把这两个人送回森林，并护你周全直到她恢复至能够决定怎么处置你的时候。”

乔治倒吸一口气。这个社区并不欢迎他们。

在他身后，赫欧拉着乔治的袖子，悲伤地低声说：“他们不想让我们留在这里。乔治，我们为什么不走？我们自己可以找到去奇迹学院的路。我们可以用掌上飞行员去那里……”她的声音逐渐哽咽。

但在那一刻，一个声音从聚集的人群头顶飘过。“等等！”她说。声音很脆弱，但明显带有权威的口气。成人们分散开来，一个蹒跚的倚着手杖的女人走了过来。她满头银发，一张看起来就很智慧的脸上有着和阿提库斯一样的明亮的绿眼睛。

“妈妈！”阿提库斯高兴地向前跑去。就近的两个成年人伸出手拦住他，但她用手杖把他们挥走了。

“散开！”当阿提库斯拥抱她时，她命令其他人，“都回去工作吧。”

“但是——大地、河流、野兽和鸟类的伟大领袖和女皇，”第一个女人鞠躬作揖道，她狡黠地笑着，“阿提库斯把外人带到了我们的殖民地。根据我们的规定，他们现在必须全部被驱逐。”

“阿提库斯犯下了严重的罪行，”第二个女人补充道，“哦，树木、森林、天空、行星的领袖，还有——”

“是的，够了。”阿提库斯的妈妈厉声说，“我告诉过你，我不喜欢你一直梦寐以求的这些可笑的头衔。你们直呼我的名字，我会更高兴。”

“哦，但是，我们心灵与思想的统治者，充满智慧，非常了不

起。”高个子女人坚持说，“人们希望你凌驾于他们之上——他们不希望你和他们在同一层次。他们要求你不仅指导他们的日常生活，而且……”

“够了！”阿提库斯的母亲命令道，“这里有三个孩子，其中至少有两个看起来又累又饿。”

“我也饿了！”阿提库斯满怀希望地说。

“你总是饿。”他母亲笑着说。乔治心想这是他母亲以前经常对他说的话。“我会带他们到我那层，我们将讨论下一步该怎么办。”

大家看起来都吓坏了。“但是，妈图什卡夫人……”矮一点的女人抱怨道，“我们构建了层次体系以确保——”

“我说了——够了！”阿提库斯的妈妈以一种即使他们有心但也不会违背的方式向乔治和赫欧招手，“这边。”

他们爬上一系列台阶，一直爬到最高的树中间。孩子们被带到一个由宽叶和树枝搭建的平台，小火堆周围陈列着毛皮。当他们坐定下来，神秘的身影送上来一些小的空葫芦，里面装满了食物。阿提库斯兴高采烈地抓起一只，开始嘎吱嘎吱地吃起来。

“好吃！”他嘴里塞满了食物，“炸蝗虫！我最喜欢的蛋白质！”

赫欧看上去很震惊，手里拿着一个小小的黑乎乎的东西停了下来。她小心翼翼地把它放回碗里。她脱下背包，翻找半天，终于找到了一根冻干的食物棒，咬了一口。

“孩子，”妈图什卡说，“你要去哪里？你要带这个女孩去哪里？”

“纳-赫阿尔巴。”乔治说，“您知道吗？”他完全忘记了赫欧还不知道目的地变了。

“是的，我们都听说过。”她说，“那是唯一一个自由的地方，但

是我们被困在这里，没有实时信息，所以我们得到的只是谣传。是谁派你踏上了这遥不可及的旅程？”

“妮穆，”他说，他认为现在诚实是最好的选择。“她是赫欧的监护人。还有一个机器人——可是我认为他可能是一个伪装的超级计算机。他们说我们必须去纳-赫阿尔巴，或者别的地方。”乔治已经发抖好一会儿了，现在蹲在火堆旁取暖。

“你的腿！”阿提库斯的妈妈说，注意到他的牙齿在打颤，连体衣上还有血迹。“发生了什么事？”

“被老虎抓伤了，”他说，“没什么，只是擦伤而已。”但血从伤口和腿上渗了出来。

“快点。”妈图什卡说。她轻轻地剥下了他的连体衣，露出老虎爪的抓伤痕迹。“我必须治好你，以免感染。”她说着从脖子边上拿出了一小瓶。“坐着别动。”她把小瓶倒在伤口上。乔治看得入迷。

“这是什么？”他问。

“这是地球上已知的最古老的抗生素。”阿提库斯的妈妈说，“它非常罕见和珍贵——我们现在很少能得到这玩意儿。但它能治愈你。”

“龙血。”阿提库斯得意地说，“科莫多龙的血。这是我们拥有的最珍贵的东西！”乔治想知道他们是从哪儿弄来的。在这个曾经是曼彻斯特的地方，现在还生活着科莫多龙吗？他们是从实验室逃出来的，还是从动物园逃出来的？

妈图什卡好像看穿了乔治的心思，“我从你的脸上看到，我们的世界对你来说充满了意外。”她说着有些皱起了眉头。

“妈妈，你没事吧？”阿提库斯说，“你没有好转。”

“我现在好转不了了，”他妈妈说。“过去，我本来可以治好的，但现在不行了。”她向后靠了靠，短暂地闭上了眼睛。

乔治一直试图解决这个问题。“你知道科学，”他说，“你知道抗生素、DNA和蛋白质，也许更多。但是你生活在树上，你没有技术！”

这让他想起了他的父母，他们曾试图过远离电网的生活。这是他父母理想化的生活吗？或是什么别的？

“你喜欢这样的生活吗？”他问，“抑或你必须过这样的生活？”

“我们生活在体制之外。”妈图什卡回答，“当公司变得甚是强大，以至于能够迫使人们按照他们的规则生活时，我们反抗了。我

们开始流亡的生活，但是，我们努力让我们父母和祖父母辈的科学知识代代相传。”

赫欧坐立不安，一会儿站起来，一会儿坐下来。她看起来好像要去什么地方。“我以为我们要去奇迹学院。”她慢慢说出口，“我以为我们离开了‘泡泡’去奇迹学院。而不要去别的地方。”

“奇迹学院！”阿提库斯的妈妈惊奇道，“‘泡泡’！我一辈子都没听说过这些地方！”

赫欧看上去很困惑。“如果你听说过，”她说，“那为什么阿提库斯住在这里，而不是像我一样住在‘泡泡’里呢？”

“阿提库斯和我住在一起，”妈图什卡说，“因为我是他的母亲。他是我的家人，所以我们待在一起。这就是殖民地存在的原因——在伊甸园，孩子和父母在一起是违法的，我们不能接受。”

赫欧张嘴想要回应来着，但又闭嘴了。她似乎有太多问题，不知从何问起。

“但这仍然是伊甸园，不是吗？”乔治说，“这里，沼泽里？”

“是的，差不多算吧。”阿提库斯说，“但是很多伊甸园的人不来这里。也许是猎童抓走孩子，那样我们的殖民地就不能成长了。但其他人不敢，他们的机器人在泥泞中表现不佳，所以我们现在很安全。”

乔治想到了天空中的宇宙飞船，那是属于邓普政权的飞船，是为了监视这样的人，还是为了从上面向他们开炮？他意识到这个地方可能并不比空旷的沙漠更安全。

“你们是谁？”乔治问。

“叛军。”妈图什卡说，“聪明人不会接受邓普对世界的‘愿景’，

但在大裂变之后才逃离这个世界太晚了。许多科学家和工程师加入了我们艺术家、音乐家、教师的行列。那些想和家人住在一起的人，不想为他们卖命。”

乔治倒吸一口气说道：“你——？这里——？这里可以……？”他重新开口：“我在找我的父母。他们叫黛西和特伦斯。你认识他们吗？”

他恳切地看着妈图什卡和阿提库斯，希望他们给出肯定的答案，但是妈图什卡轻轻地摇了摇头。

“不认识，很抱歉。”她伸出手来握住他的手。

泪水溢满眼眶，乔治的眼睛感觉像是被灼伤了。

“总有一天伊甸园会找到我们的，”妈图什卡说，“我们都在借来的时间里生活。”

“不，我们不是！”阿提库斯坚决道，“我们是战士，他们永远不会抓住我们！”

“还有内部的威胁。”妈图什卡疲惫地说，“我领导这些人很多年了，但是殖民地正在改变。有些人开始变得贪婪，想要得到的比别人更多，想要变得更加重要，想要拥有头衔以及那些乱七八糟的东西。那将是我们的末日。现在他们要我成立一个我们自己的‘公司’！”

“你没有告诉过我！”阿提库斯说。

“因为我希望你在生活变得太糟糕之前尽可能享受生活。但现在你必须知道，因为这是你的未来，那些做出错误决定的愚蠢的人，已身陷险境。”她闭了会儿眼睛。

太阳下山了，火焰显得更明亮了。

妈图什卡再次睁开眼睛。她静静地躺在毛毡中间，声音低得像森林里夜晚树叶的沙沙声。“孩子，不要去奇迹学院。不要去那个地方。”

“为什么不呢？”赫欧问。

乔治注意到赫欧的声音比以前传得更远，但他满脑子都在思考，以至于他没有考虑为什么会那样。

“没有人能幸存下来，”妈图什卡说，“没有人逃走。再也没有了。”

“什么是奇迹学院，妈妈？”阿提库斯问，他显然从未听说过。“他们会教我怎么做一个战士吗？”

“奇迹学院是人间地狱。”妈图什卡回答。

“不，不是！”赫欧声音恍惚，“那是我们学习如何成为领导者的地方！”

“为什么伊甸园里所有聪明的孩子都消失了？”妈图什卡平静地继续道，“你是如何看待这个政权一直以来设法领先机器的？他们自己显然没有智囊团，那他们是从哪里获得原始智慧的？”

赫欧在黑暗中低语：“但是……我的朋友都去了那里！我‘泡泡’里的朋友……你是怎么知道的？”她的声音听起来像是在微风中飘荡。

“因为，”妈图什卡回答说，“我是唯一一个逃走的孩子。”

第十五章

甚至阿提库斯也被这件事惊呆了。

“你从没说过。”他哭着说，“妈妈！你为什么没有告诉过我？”

“我不想因为我的悲伤而给你的生活蒙上一层阴影。”他妈妈回答，“我想让你自由、坚强、充满想象力地长大——你做到了。我的童年全是恐惧。我被一个猎童抓获，测试我的大脑，分析我的 DNA 和血液，然后被带去奇迹学院。我不想让你知道我曾经历了多少苦难。”

“妈图什卡，”乔治害羞地问，“如果没人逃出来过，那你是怎么逃出来的呢？”

他能看出这对她来说是一段很痛苦的回忆，他真希望自己没有问出口。

但她决心给出回答，“有人突袭了奇迹学院。”她说，“叛军的救援行动，但救援出现了严重失误。我是他们努力夺取的唯一一个孩子。”

“他们是谁？”阿提库斯问，“他们是战士吗？”

“哦，是的，”他母亲说。“一位伟大的战士，他们的领袖，救了我。使用最后一台自由的超级计算机。他们太勇敢了。但他们中有

许多人在那一夜之后就死了或逃了。”

“超级计算机怎么样了？”乔治问。

“不见了。”妈图什卡说，“当权者一直在寻找它，但从那天晚上起就没有人再见过或听到过。有人说它就藏在伊甸园的中心，等待着合适的时机现身。”

乔治脑子转得飞快。一个隐藏的超级计算机潜伏在伊甸园的中心。有没有可能妈图什卡说的是九天？

“谁是那个战士？”阿提库斯急切地问，“他告诉你他的名字了吗？”

“没有。”妈图什卡说，“是一位女士。我说我希望有一天能报答她的勇气，她让我为一个陷入困境的孩子做同样的事，就像她为我做的那样。”

乔治想问的太多了。伟大的战士和“她”是同一个人吗？或者那个战士是妮穆？但妮穆可能和妈图什卡差不多大，所以应该不是她。但是，还没来得及开口，一个年轻人就在妈图什卡的耳边低语，脸上惊慌的表情向人们示意情况紧急。

“该走了。”她急切地说。

“什么？”阿提库斯说，“但今晚是聚会！这是我成为战士的机会。乔治要讲他的故事，这样我才能知道他是怎么到这儿来的。他答应过我！”

“不。”他妈妈说，“现在对你们所有人来说都太危险了。”

“不！”阿提库斯说，“妈妈！我是个战士——我可以保护自己、你和我们所有人！”

他母亲深情地笑了笑，但很伤心。“你是个战士。”她一边说一

边捋了捋他的头发，“但你还是一个年轻人，如果他们决定反对你，你就无法与整个殖民地抗衡。”

“他们为什么要这样做？”

“我不可能一直在这里。”乔治看着阿提库斯的绿色眼睛在月光下闪闪发光，像是深色的树叶。“很快我就要走了，殖民地也不想让你跟着我做他们的领袖。他们反对我们，阿提库斯，他们反对我们规划的生活方式。他们现在还想要其他东西：权力、财富、地位——所有我们试图取缔的东西。”

“这是我的错吗？”乔治慢慢问道，“你现在得走了吗？因为我来到这里——”

“不，”妈图什卡摇着头说，“不管怎样，这都会发生的——也许因为你的到来，它来得更快了。你把这里的人们吓到了，因为你与众不同。”

“他们很生气你来了——他们说你把老虎引来了，然后是猎童，从现在起，我们都不安全。”年轻人解释说。

“我明白了。”乔治说，然而他并没有。

他们听到了从下面几层楼传来的吟唱声和从下面飘上来的木烟味。

“他们准备好了聚会，妈图什卡。”年轻人迫不及待地说，“他们不会等的。”

“这是乐乐。”妈图什卡说，“他是殖民地里我能信任的最后一个人。”

乐乐笑了笑，“他们想让你现身。你有故事要讲吗？”

“这是我们的传统。”妈图什卡对乔治说，“我们在聚会上讲长

篇故事。我们通过讲故事铭记我们的历史，我们所知，以及我们是谁。是的，我今晚有一个很长的故事要讲！也许今晚将是我作为殖民地领袖的最后一晚！我会好好利用它——给你时间逃跑。”

阿提库斯眨了眨眼，“那我们呢？”他说。“乔治要怎么去纳-赫阿尔巴？”

妈图什卡转向乔治，“在讲故事的途中，你必须溜走，带上阿提库斯。他会带你去伊甸城邦。”

“我也要去？”阿提库斯说，他既因即将踏上冒险之旅而感到兴奋，又因将要离开母亲而感到悲伤。

“只有来自殖民地的你才能帮助他们。”妈图什卡说，“我们拒绝接受需要帮助的孩子，这让我深感羞愧。但是你，阿提库斯，我勇敢的孩子——你会和他们一起去，信守对当初拯救我的战士的承诺。但是等等！”妈图什卡环顾四周，“赫欧去哪儿了？”

赫欧之前坐的位置现在只剩下一堆毛毯。

乔治仿佛停止了心跳，他顿悟了可怕的真相。“她去了奇迹学院！”

“她不可以！”阿提库斯说。一想到赫欧独自在森林里游荡，就让人不寒而栗。“外面太危险了！即使对我来说！再说还有老虎呢。”

“她对现实世界一无所知。”乔治说。

“她怎么知道奇迹学院在哪里呢！”阿提库斯感到很困惑。

乔治摸了摸口袋，“她带着掌上飞行员！”他说，“那是我们的导航设备，她会用它来导航。”

“追上她！”妈图什卡喊道，“尽快！走，立刻！阿提库斯，你可以追踪她穿过森林。乔治，和阿提库斯待在一起，照他吩咐你的去做。”

“但是走哪条路？”乔治问，“奇迹学院在哪里？”

“阿提库斯会帮助你的。”妈图什卡诚恳地说，“所有的小径都通向伊甸城邦——奇迹学院就在邓普大塔附近。快点！别让她到那儿去。”

赞美诗从下面升起。“女皇！统治者！天空女王！”

“哦，那些白痴。”妈图什卡咕哝道。“如果他们的祖先能看到现在的他们，拒绝一切理性的想法，拒绝我们所学的一切——科学知识以及世界是如何运作的，而去迷恋童话故事，很好，如果这是他们想要的胡说八道，他们终将身陷其中。”

“我们要去哪里？”乔治问。妈图什卡突然从上层平台爬下来，来到下面殖民地的群众当中。烟雾在空气中弥漫开来，这时他们听到一声巨响。

“领地女王！”他们喊道，“外人进来了！殖民地处于危险之中！把他们关起来！把他们关起来！”

“安静！”妈图什卡从平时安静的咕噜声提高音量，几近咆哮。“安静，我的人民！我有个故事要讲……”大家都坐下来听讲故事的时候，有人正拖着脚步溜走。夜幕降临，一片寂静，妈图什卡以迷人的声音娓娓道来，“从前……”

乔治转身想问阿提库斯一个问题，但阿提库斯举起一只手示意

他安静。昏暗的灯光下，乔治只看到阿提库斯一脸专注，他意识到这个男孩正试图感知到赫欧的去向。突然，他转过身来，指了指高处平台的一个黑暗角落，那里似乎有一个遮掩秘密入口的窗帘。窗帘被拉到了一边。

“赫欧找到了逃生路线！”阿提库斯不情愿地表示赞赏，“太狡猾了！”

“你必须走。”乐乐说，“跟着那个女孩。你一到另一边，我就把绳子剪断。现在就离开。”

“我不能离开我妈妈！”阿提库斯突然惊慌失措。

“阿提库斯，”乐乐说，“你一直想成为一名战士，让她为你骄傲。现在你必须抓住这个机会！没有时间了。”

下面的观众对妈图什卡的故事报以雷鸣般掌声。

“走！”乐乐说，“立马走！”

阿提库斯走在前面，乔治跟在后面，一步一步地走上吊桥，小心翼翼地沿着桥小跑。当乔治走进另一栋建筑时，他听到了什么东西撕扯的声音，因为乐乐剪断了另一端固定它的绳子。桥塌了。它像钟摆一样摆动了一会儿，不再摇晃，变得支离破碎。他们回头看到在火光映衬下，妈图什卡的身影，她的胳膊伸出来，头向后仰。她周围的人群在叫喊，但语气从高兴变为愤怒。阿提库斯看起来很沮丧，乔治站在那里，他真的想回去，但他知道他必须继续前进。

“我们会回来的。”乔治对他说，“我们会回家的。我保证！”

“此话当真？”阿提库斯有些紧张。

“当真。”乔治果断回答。他失去了家人，他知道那种感觉。他要确保他的新朋友不会经历同样的事情。

第十六章

“所以你真的进过太空！”阿提库斯指着上面的星星悄声说。穿过树梢就能看见天上的星星。“你曾经在那上面！妈妈说她的妈妈以前告诉过她太空旅行以及太空飞船是如何飞到空中的空间站的。但后来大家都被告知太空旅行是个大谎言，从现在起，没有人会离开地球。妈妈说，他们说谎是为了不让人们觉得如果他们不喜欢伊甸园了，还可以去另一个星球重新开始。”

他们在森林里走了好几个小时，一片漆黑，只有偶尔头顶的云层移开的时候才会看到月光。起初，乔治什么也看不见，但现在他的眼睛已经适应了森林里的夜晚，甚至那些起初令人毛骨悚然、惊心动魄的声音也变得不那么可怕了。无花果林发出的啁啾声、呜呜声和沙沙声，也不再令他深感恐惧。他第一次从悬空的人行道跳到森林地面上时汗毛都竖起来了。

阿提库斯告诉他，他们现在已经远离了殖民地，以前从没有到过这么远。甚至连阿提库斯也不知道道路，他们不得不在黑暗中寻找和发现一些表明有人正沿着这个方向不断前行的微小痕迹。这非常不容易，他们会发现一些错误的线索，导致他们进了死胡同或者撞到了陈旧的混凝土墙。

刚出发的时候，阿提库斯郑重地要求乔治安静地跟着他，但现在他自己却无法坚持下去。他们没走多远，他就开始问乔治各种各样的问题。他是哪里人？他是怎么到沼泽的？这促使乔治试图向阿提库斯解释太空旅行的历史。向一个没有什么技术经验的人解释宇宙飞船的力学是很不容易的！

但阿提库斯很快就赶上了乔治的节奏。

“我希望有一天能去太空。”他平静地说。

“我觉得上面已经有东西了，”乔治说，“人类制造的东西。”

“伊甸之旅结束后，”阿提库斯兴高采烈地说，“我去看个究竟！”

“真的会去吗？”乔治说。

“那必须啊！”阿提库斯说。

“然后呢？”乔治说，“一旦摆脱了特雷利斯·邓普，那谁会接管呢？”

“我妈妈，”阿提库斯说，“她是一个伟大的领袖，或者，”他兴奋地补充道，“你！那太棒了！我可以当你的战士头领！你答应吗？”

“当然！”乔治说。他们悄悄地向前方一片空地走去。如果，由于某种不太可能的命运转折，他确实成了伊甸园的领袖，那么让阿提库斯待在他身边听起来相当酷。

阿提库斯蹲下，示意乔治也这么做。乔治也蹲了下来，匍匐前行到阿提库斯旁边。如果他们向前看，便可以看到空地上有一道奇怪的冷蓝光指引着他们，那么就不会孤单。

乔治的心在胸口砰砰跳，他确信站在他们前面的人一定能听到。在静谧的夜里，他们能听到脚步声——但这次不是大猫咪的脚步声，而更像是一个人在森林里踱步的声音。

乔治像蛇一样贴着肚子，跟在阿提库斯后面。当他们到达空地边缘时，他们停了下来。他们可以看到一种诡异的光亮下，站着一个身穿长外套，头戴圆形白帽的人。

阿提库斯把嘴凑到乔治耳朵旁边。“猎童。”他几乎屏住呼吸。

“他在做什么？”乔治也屏住呼吸悄悄说。但阿提库斯只是轻轻地摇了摇头。

猎童站在地上的一根木桩旁，抬头望着天空。“快点，快点。”他说，“来吧！你在哪儿？”

乔治抬头一看，又看见头顶黑暗的天空中闪动着明亮的光点。猎童所见之景应该是一样的吧。

“抓住！”他又咕哝了一句，“抓住！哪里有信号？该死的伊甸园——为什么什么都不起作用了？”

乔治开始把地上的干树叶弄得沙沙作响。眼亮的阿提库斯用一只手警告他。

乔治低声说：“他正试图联系某人，接收信号。”

“从哪里？”阿提库斯回嘴道。

“某种投影？”乔治猜，“激光？我不知道。”

戴着奇怪帽子的猎童终于接通了电话，但并没有像乔治预料的那样收到消息或指示，而是发生了一些完全不同的事情。在阿提库斯和乔治惊讶的注视下，另一个人开始出现在森林空地的中央。新来的人好像带的是橙光。他比那个戴帽子的人高得多，色眯眯地斜视着猎童，阴森地向他逼近。

那个猎童似乎很沮丧。他脱下帽子，低着头，鼻子都快碰到地面了。

“主人。”他用沙哑但油腻的声音轻声说。

“你叫我来干什么？”那人问道，脸上仍然闪烁着诡异的橘黄色光芒。

“主人，”他拜倒在地，头低垂碰到泥泞的地面，“我有消息了！”

“笨蛋，什么消息？”那人发怒大吼，“你为什么不能通过正常渠道发送这个消息呢？”

“主人，”那人的声音中透露出狡黠，“我认为你的通信不安全。我相信你们中间有一个间谍，一个叛徒。”

乔治浑身发冷。他想，妮穆在担任政府部长期间，带着她关于机器的神秘计划和她将赫欧、乔治从伊甸园偷运出去的阴谋。当然，

九天并没有为这个政权工作。他们两个都被抓了吗？乔治把他们的事告诉了阿提克斯和他妈妈！是他的错吗？他屏住呼吸。

“谁是叛徒？”那人问。

“殿下，最高领袖邓普阁下，愿您永生。”那人坚定地说道。

邓普！乔治自言自语。这就是特雷利斯·邓普吗？

“接着说！”那个人回答道，“你对它了解多少？”

“这里有孩子，”猎童人神秘地说，“逃跑。但他们不断消失！”

“什么？”邓普生气地说，“你在说什么，伙计？”

“斯利米克斯，”这个拜倒在地的人仿佛面对真人一般和一个激光投影的人像说话。“我叫斯利米克斯 · 斯利莫维奇，伊甸园的首席猎童。”

“继续说，”邓普重复道，“你想告诉我什么？”

“孩子们！”斯利米克斯得意扬扬地说，“其中两个孩子独自穿越伊甸园！但没人能找到他们！那意味着什么？”

“孩子们独自干什么？”邓普厌恶地说，“他们认为他们是自由的吗？”

“不，主人，当然不是。”斯利米克斯说，“只有少数能被信任的开明的成年人是自由的。自由不适合孩子，当然不适合。对伊甸园的大多数人来说都不适合！从前人们是自由的，但他们把一切都搞得一团糟……”

“好了，闭嘴。”邓普说，听起来很高兴。“继我的克隆父亲大人之后，我来了。”

“让世界再次复兴。”斯利米克斯说。

“好吧，我现在就烦你了。”邓普突然说，“抓孩子是你的工作，那你为什么不继续干下去呢？别再为小事烦我了！”

“这不是小事。”斯利米克斯慌忙地说。

“你有三十个邓普秒解释。”特雷利斯说，“现在开始。”

“我们抓不到孩子，因为他们是隐形的！”斯利米克斯说。

“隐形？”邓普哼着鼻子说，“你在说什么，你这个失败者！”

“有人或有什么东西正在删除关于这些孩子的数据，但他们动作很快，而且他们无法删除所有的数据。这两个孩子正在以阴影或镜像的形式出现。”

乔治的心往下一沉。他意识到，九天在清除他和赫欧的图像时，一定忘了清理他们周围的区域！

“这是什么意思？”邓普问。斯利米克斯终于引起了他的注意。

“这意味着有两个孩子正在穿越伊甸园——而政权内部有人正在帮助他们。”

“是哪两个孩子？”

“我们正在伊甸园里检查，看是否有孩子不在了。”斯利米克斯说，“我们很快就会知道谁失踪了。”

乔治冷静地思考，这就意味着斯利米克斯一定会发现赫欧还没有到奇迹学院。猎童接下来所言更糟糕。

“当我们发现哪个孩子失踪时，”他狡猾地说，“我们可以找出是谁在篡改系统去帮助他们。我猜您心里已经知道是谁在跟您作对了吧。”

“天哪！”邓普喊道，“真的！我的内部一直有叛徒在和我作对！”

“当我抓住这些逃亡者时，我会审问他们。”斯利米克斯说，“他们会告诉我他们所知道的一切——他们会带你找到内部叛徒。”

“好的，好的。”邓普说，“干得好，你叫什么名字……”

“斯利米克斯·斯利莫维奇。”猎童低声说。

“他们会是间谍吗？”邓普陷入沉思，“这些孩子能从‘另一边’过来吗？”

“也许吧。”斯利米克斯怀疑地说，“我只是一个卑微的猎童，想把信息传递给非常——”

邓普打断了他的话，“我要和对方提出所谓的和平条约。”他若有所思地说。“分散他们的注意力。我只需要足够长的时间——”他

似乎突然记起他在广播，而不仅仅是在自我思考。"抓住他们两个。"他命令猎童道，"任何庇护或帮助过这些孩子的人，任何运动的追随者——任何运动，任何对我不忠和完全忠于我的东西，都要向我汇报。别忘了。"

"主人。"斯利米克斯又磕下头去。乔治看不见自己的脸，但知道自己在笑。

"你在等什么！"邓普命令道，"赶紧的。"

接着邓普消失了，他那微弱的、病态的激光看起来像是又一次把自己送回了斯利米克斯的发光棒的末端。

邓普一被非物质化，森林就只留下一片黑暗。斯利米克斯把他的棍子从地上拔出来，像一个远程窥镜一样把它缩回去放回口袋里。他吹着口哨，取道空地另一边的一条路悠闲地走了。

乔治又敢呼吸了。"那是怎么回事！"他朝着阿提库斯的耳朵说道。

"麻烦。"阿提库斯回答，"那意味着大麻烦。"

"我们现在怎么办？"乔治问。

"到亮的那边去，"阿提库斯说，检查了一下森林周围的线索，"如果我们遇到了老斯利米克斯，他在追踪赫欧的踪迹，这意味着我们走的路是对的。"

第十七章

乔治用手遮住光看向前方，以便看到更远处起伏不平的原野。乔治曾经猜想，这可能是一片被石南花覆盖的荒地。他们身后是大森林的边缘，现在是黎明前最黑暗的时候。相比之下，前面的土地空旷、焦黄又荒芜。他坐在一块岩石上，鼓起双颊。太阳从东方升起。当明亮的圆盘升到地平线上时，乔治用眼角的余光瞥见了一些闪光的东西。

“在那儿！”他指了指。“往北走！那里有东西！”

“哦，是的！”阿提库斯说。“你说得对，就是那里。”

“那是奇迹学院吗？”乔治问。

“太大了。”阿提库斯眯着眼睛望向远方。“那不是奇迹学院。我想我们找到了。”

“找到了什么？”乔治说。

“我们下一个目的地。”阿提库斯说，“我想我们找到了伊甸城邦。”

他们可能找到了伊甸城邦，但现在他们不能去那里。为了保证安全，阿提库斯让乔治等到天黑才开始穿越平原。他们等待的时候，他开始在光秃秃的地上寻找树根和植物。

“我不能点火。”他对乔治说，“这会让我们太显眼。但是这些你可以吃！”他用猎刀剥下了多肉的白根，并收集了大量的昆虫，他

声称这些是可食用的。

乔治的口粮好像差不多耗尽了，他别无选择。他以前从来没有吃过活蚂蚁，但看到阿提库斯用勺子一把伸进嘴里，他有样学样。

“好吃吧，嗯？”阿提库斯高兴地说。

“嗯，有点柑橘味，”乔治说，并没有他想象的那么糟糕，尤其是包裹在绿叶里的时候。他用净水器里的水把它们洗干净。他在想赫欧是如何分配食物的，后来才意识到她一定是吃了自己的一些口粮。他和阿提库斯甚至不敢说太多话，因为阿提库斯说这太冒险了——他们的声音可能被一些隐藏的传感器捕捉到。他们只能静静地坐着等。

随着夜幕降临，乔治度过了他一生中最漫长的一天，他们悄悄地穿过荒地。乔治抬头看能否在夜空中发现更多的流动卫星或其他人类活动的迹象。他真希望自己带着望远镜。但即使只用肉眼，他也确信自己看到的天空中的迹象，表明人类在太空中的所有活动都没有停止。

当他不再好奇天空时，他想到了赫欧。她现在在哪里？他们怎么才能找到她？他甚至不确定她是不是去往奇迹学院。乔治从邓普的话中了解到，虽然他和赫欧迄今为止躲开了伊甸园的监视，但他们现在正在被猎杀。即使邓普错误地认为他们是来自“另一边”的一对间谍，一旦他们抓住了他和赫欧——还有阿提库斯——惩罚将是可怕的。乔治不知道他们能否足够坚强，不出卖妮穆和九天。他把所有的事情都告诉了妈图什卡，但并没有真正查验这样做是安全的。他一直很幸运——他希望如此！她是一个流亡者，她想结束伊甸园，这样她的人民和她的儿子就可以恢复某种自由。但下次他一定

什么也不说。

黎明时分，他们靠近伊甸园的首都。城市耸立在一片烟云中，光芒四射，仿佛高层建筑的碎片是用黄金做成的。在它的另一边，汹涌的海水拍打着一个大型防护墙，这些防御工事是由导弹组成的，是为了防止海水淹没城市，同时也防止外来的人登陆。

“赫欧是对的！”乔治说。它看起来像一座童话城堡，飘浮在一大片星云上，群峰直插云霄。

“流星！我们真幸运。”阿提库斯说。他们躺在平原上的一块岩石尖上，从那里可以看到通往伊甸园一望无际的原野。他们将像

跋涉的蚂蚁一样穿越漫漫平原，这是一个漫长的过程。进一步仔细观察，他们可以看到一群衣衫褴褛的人、马和带有巨大轮子的大篷车队伍。毫无疑问，这支摇摇欲坠的队伍正朝那个方向行进。

“今天一定是清算日！”

“是什么？”乔治说，虽然他有一些九天告诉他这些事情的相关记忆。“与纳税有关吗？”

“以后再告诉你！”阿提库斯说着便顺着岩石向游行队伍爬去。“跟上！”

他们从山脊上爬下来，跑过平原，追上人群，跟在他们后面。当他们靠近的时候，他们发现这支队伍只有人类——他们看不到机器人。事实上，几乎看不到任何技术——人们在缓慢前进，一些人领路，一些骑着毛茸茸的马匹，马鞍上装满了野战物资。尘土飞扬的大篷车在他们面前摇摇晃晃，拉车的巨兽头埋得很低，鼻子摩擦着地上的尘土。

“那是……牛吗？”乔治不敢相信，指着一只缓慢走过荒野走向城市的野兽问道。

阿提库斯点点头。

“他们为什么没有车？”乔治说。“公共汽车和火车呢？为什么人们把动物当作出行方式？”

“只有精英才可以使用任何一项技术。”阿提库斯说，“这些人用那些出行方式是违法的。”

“我讨厌未来。”乔治说道。他忘记了阿提库斯不知道自己来自过去。

“你为什么这么说？”阿提库斯问。“乔治，你到底是从哪里来的？”

“安静！”他们那群人的首领朝最近的拉大篷车的牛挥了一鞭子。“现在我们要唱国歌！”

杂七杂八的人们穿着各种不同的服装。他们中的一些人看起来像中世纪的农民；另一些人穿着五颜六色的拼接布料的衣服，就好像是用其他衣服缝在一起的一样；还有的人像阿提库斯一样穿着兽皮。乔治瞥了一眼自己的连体衣，以前它是白色的，但现在它变成了森林的颜色——绿棕色、灰色和黑色。他融于其中不显突兀。

行进者开始唱歌。“伊甸园是世界上最好的！”声音有些颤抖，没有什么特别的调子。

“加入进来吧。”阿提库斯用胳膊肘推了一下乔治，小声说道。乔治顺从地张开嘴，假装跟着唱。“伊甸园，我们爱伊甸园。”疲惫的人群唱着歌，“伊甸园是最好的！”显然有一个很高的音符行进者们上不去，所以歌声就渐渐消失了，只剩下缓缓的脚步声。人们越

来越接近伊甸园宏伟的摩天大楼，城市沐浴在耀眼的五彩光中。

乔治以为他和阿提库斯混迹其中，但环顾四周，他发现了一些事情。

“其他孩子呢?”他悄悄对阿提库斯说。他们前行，不断靠近伊甸城邦边缘。

周围的人群开始看向他们，脸上露出滑稽的表情。一个穿着毛皮短上衣和破裤子的男人走到阿提库斯跟前，对他说了几句悄悄话。那人看着乔治，眼里充满了泪水。他用一只脏手粗暴地擦了擦，然后把乔治的两只手和阿提库斯的手紧紧地握在一起。他似乎相当克制。阿提库斯总是很实际，用肘推了推他，用眉毛指着最近的一辆有篷马车。那人点了点头。他很快把他们领过来，把车后面的帆布盖掀起来，好让他们跳进去。

车里面的空气又热又霉。乔治闻到旧毯子和灰尘的味道。成捆的食品、原木和兽皮堆放在车里。拉车的动物步履沉重而缓慢，马车也随之左右摇摆。这个动作很奇怪，就像漂在海上的船一样。乔治觉得有点不舒服，疲惫且困惑。但是他醒了这么久，忍不住要打瞌睡——温暖、牛的运动和还不适应的安全感使他昏昏欲睡。

阿提库斯叫醒他。“快到了。”他在乔治耳朵边小声说。

但是，就在他们到达大城市的郊区前，游行队伍突然停了下来。乔治透过他们马车上帐篷似的帆布罩，可以听到有人在对人群讲话。

“伊甸园的人们！”声音咆哮道，“我们来到了伊甸城邦，这是我们神奇土地的伟大首都，在清算日—— 一年中最重要的一天！今天你将看到你劳动所得，以及伊甸园对你作为伊甸园人的特权所收

取的费用！但这不是全部！当你进入伊甸园，你一定很开心！你一定很高兴！你一定看起来很快乐！每当有人问你，你都会说，‘伊甸园是世界上最好的！’我们来这里聚集成群是为了纪念我们的领袖特雷利斯·邓普——愿他永生——并聆听他的演讲！任何不高兴的人都会受到惩罚。记住，伊甸园会看着你的！”

“现在怎么办？”乔治问阿提库斯。

但是，在阿提库斯回答之前，他们被打断了。那人又打开了车盖，表情发狂且令人害怕。他对阿提库斯低声说了些什么。

“他们在搜索马车。”阿提克斯转告乔治，“我们得离开这里……”

他们俩悄悄溜了出去。他们的朋友显然不是独自一人。他领着阿提库斯和乔治走进一堆瘦削的成年人中间，他们都穿着破旧的衣服。他们成群结队向前走去，穿过伊甸城邦，把两个男孩藏在他们中间。他们穿过一个巨大的装饰性大门，两边都有高高的栅栏。在拱门的顶端刻着“繁荣之门”的字样。

乔治凝视着上方。他们现在进城了，周围是巨大的摩天大楼。这些建筑比乔治记忆中的任何一座建筑都要高，而且很漂亮——有塔楼、尖顶和巨大的装饰性阳台。但现在他们已经进入伊甸城，乔治明白了为什么它不是一个童话般的城市。这些塔的尖顶可能暴露在阳光下但却没底座。一层厚厚的烟雾云遮住了地面上的大部分光线。他们进城时要从云层下经过，突然，他们每走一步，云层就变得越来越暗，越来越热，越来越灰。建筑物的顶部看起来非常干净，而云下，每一个建筑都极其肮脏，涂满了黑色的油脂和灰尘。

乔治把鼻子埋在他那脏兮兮的连体裤前片上，他们躲在工人中间蹒跚前行。

“他们为什么要保护我们？”他低声问阿提库斯。“他们不认识我们！他们为什么要帮我们？”

“因为他们失去了自己的孩子。”阿提库斯说。“并且不满当权者。他们想让我们逃跑。那个人说我们让他想起了自己的孩子。”

乔治暂时安下心来。这个未来太可怕了。他要面对这多么离奇的事情，甚至被残酷和毁灭所击退。

“哎呀，”阿提库斯说，他们向城市更深处走去，“真臭！”

“我想上面会干净些。”乔治向上指了指那些厚厚的云，这些云大约在摩天大楼一半高度的位置。

阿提库斯说：“我想妈图什卡告诉过我，富人就住在那上面，就在云线之上。”

“但当他们下来，这里会发生什么？”乔治说。

“他们不会下来。”阿提库斯说，“他们只是从一栋楼飞到另一栋楼。他们从不到云层下面去。有钱人住在那里，空气清新，阳光明媚。穷人就活在下层的烟雾之中。”

“我们怎样才能找到赫欧？”乔治问阿提库斯。他们在没过脚踝的泥泞中，在厚厚的乌云笼罩下，在像用湿热的毯子覆盖着的建筑物之间狭窄的街道上艰难前行。

“妈图什卡说要先找邓普大塔。”阿提库斯说，“然后我们就可以找到奇迹学院。”

“但是哪一个是呢？”乔治抬起头说。整个城市到处都是巨大的塔楼——他们怎么知道她指的是哪座？

他们拖着步子往前走，其他的人也加入进来，万人空巷。他们似乎正朝着一个巨大的广场走去，乔治看到广场上已经挤满了人。所有出席的人看起来都一样——脏、饿、累、衣衫褴褛，仿佛中世纪的人群入侵了一座遍布摩天大楼的城市。

进入广场后，他们发现广场中央有一个平台，台上正在表演。四面八方的摩天大楼上都挂着巨大的屏幕，转播这个场面。两米高的角斗士正在用剑、棍棒相互搏斗。一个高大的宝蓝色斗士——这个灰色地带唯一亮眼的色彩——走上前，把剑刺向它的绿色对手。

那个绿色的人影倒在地上，蓝色的人影高举拳头，人群高兴地欢呼起来。

但是绿色的那个人又站起来向前冲去。

“它是怎么做到的？”乔治感到惊奇，但他后来意识到，就像伊甸园里的一切一样，角斗士并不是真的。这些投影是为了取悦喜欢

它的人群而进行的战斗——这意味着没有人盯着这两个男孩看，他们都在仰视巨屏上的画面。

乔治环顾四周，心想没人注意我们正好。他们现在被挤在人群中间——进退维艰。

但他们还是必须挤出去。

“注意，”他轻声说，“这太危险了。只有我们是小孩！如果有人找我们，我们会立刻被发现。”

阿提库斯点了点头，“是的。”但他没有认真听。他被这场表演吸引住了，当虚拟人影互相拥抱时，他笑着欢呼，“太酷了！”

乔治并不那么激动，这一切都令他毛骨悚然。“我觉得该走了。”他在阿提库斯耳边小声说，“跟我来。”

“我能看完这场战斗吗？”他的朋友恳求道，“求求你了！我想看看谁赢了！”

乔治犹豫了一下，“我们得走了。”他很坚定地回答。

“拜托了，”阿提库斯转向乔治请求道，“我从没求过你什么，请让我看完结局！”

乔治叹了口气，他觉得两个虚拟人影的激烈战斗没什么可看的，但他想阿提库斯是另一个时代的人。多待一会儿又怎么样呢？再多待两分钟——或者说再多待几邓普——反正又不是世界末日。

第十八章

正当乔治决定让阿提库斯好好看完决斗的时候，发生了一件事使人群中的气氛陡然躁动。就在一分钟前，他们还彼此推搡，试图靠近中央舞台，以便更好地观看这场战斗。

但是突然响起一个声音，人们一下子都僵住了，不约而同地望向斜上方，就像向日葵向着太阳一样。人群中最小的两个——他和阿提库斯也都抬起头来。一道光柱穿透了云层，云层像窗帘一样向后卷起，露出了上层空间高耸的摩天大楼。

阳光倾泻到一片黑暗而阴沉的空间里。一瞬间，他们被建筑物反射的耀眼光芒所蒙蔽。等眼睛慢慢适应了光亮后，乔治看到所有建筑物中最大的一栋上面都有金色

的字母。它们太闪亮了，他花了几秒钟才反应过来他们该说的话。

牌子上写着邓普大塔。“我们找到了！”阿提库斯说，“我敢打赌那就是我妈妈说的那个塔！”

“是的，必须是！”乔治说，“现在我们只需要弄清楚奇迹学院在哪里。”看着这座比周围的摩天大楼高得多的巨型摩天大楼，他内心充满了一种奇怪的、黑暗的、孤独的感觉，仿佛他所有的好心情已经被清除了，如果他不集中注意力克制自己的话，心里便会充斥着令人讨厌、残忍和痛苦的冲动。

又有一个声音在说话。广场周围的屏幕一片空白，中央平台上出现了一个金人的三维全息图。他身材高大，甚至比斗士还要高。他有金色的头发，金色的皮肤，穿着纯金的西装——只有他的牙齿和眼球在光亮的灯光下呈现白色。乔治意识到，这和他们在森林里看到的那个愤怒的橘色人影是同一个人；那个极其想把他们除掉的人。但是，他心想如果特雷利斯·邓普二世已经继承大统四十年了，那他现在一定是个老人了 。没有人再见过他的真身吗？只有他的全息图……

“伊甸园的民众！”全息图上的人举起了手。

“他到底在哪里？”乔治环顾四周，“存在于现实生活中吗？”

“那上面。”阿提库斯指着邓普高塔猜测道，“他不下来，因为他不想呼吸难闻的空气！”

人们感激他们的领袖，开始唱道：“伊甸园是世界上最好的！我们爱伊甸园！伊甸园第一，唯有伊甸园——永永远远！”那是一种非常可怕的声音，没有任何旋律，也没有说服力。

“谢谢！”巨大的全息影像把他那小手举到空中，“你们是最伟

大的！我们是最伟大的！”

人群欢呼着，但就广场上拥挤的人群而言，这声音似乎太大了。

随后乔治意识到，这不仅仅是人们发出的声音，声音还同时从广场周围的巨大扬声器中传出来。

“伊甸园的人民！”欢呼声很快消失时，就好像有人拨动了一个开关，把它突然关掉了。邓普大声说，“我们今天来这里参加一个伟大的集会！”讲话的声音时有停顿。“今天，”他接着说，“不只是一个清算日，清算你过去一太阳邓普时间内所赚的钱，你欠伟大的慷慨地满足你所有需求的伊甸王国的钱。今天，我们还要庆祝！庆祝我们签署了和平条约！从现在起，我们要把两个大国团结在一起。”

另一个人出现在特雷利斯·邓普身旁，美到令人窒息，几乎伤到了乔治的眼睛。

“从现在开始，”邓普说，“我们，伊甸园的人民和‘另一边’的人民，将和谐共存！我们是世界上最伟大的两个国家公司——现在我们将一起努力实现我们共同的价值观。我和比博琳娜·金博琳娜女王！”

另一边的女王比博琳娜·金博琳娜，举起一只纤长而优雅的手，微笑着。她张开嘴，但没有发出声音。相反，广场周围的屏幕充满了表情符号。

“她说什么？”阿提库斯一脸茫然。他来回摇晃，仿佛入了迷。“她真漂亮！”

乔治想到赫欧要是看到比博琳娜·金博琳娜女王该多么高兴。“她说的是表情语言。”他说。

“长久以来，”邓普吼道，“我们把朋友视为敌人！我们在这个世界上有真正的敌人。我们必须坚持与真正的朋友站在一起，维护我们的特殊关系，与世界其他地区作斗争。”

比博琳娜·金博琳娜女王狡猾地点点头，发出了一串新的表情符号。

“阿提库斯，”乔治在他耳边催促道，“该走了。”如果他们趁大家被比博琳娜·金博琳娜女王所吸引的时候溜走，他认为他们还有机会……

但现在已经太晚了。一只手落在他们的肩膀上——至少一只手，但并不是欢迎。

“逮住了，”一个人类的声音在他们耳边低语，“斯利米克斯把人逮住了。”

乔治试图转过身，但那个声音说，“对对对，我的小可爱！向前看，往前走。”

乔治试图挣扎，但被大手紧紧抓住，把他的手拉到身后反抑住脖颈儿，阿提库斯也是一样的待遇。

“让路！”猎童喊道。“给我们让路！ 伊甸城邦首席猎童服务！

斯利米克斯·斯利莫维奇已经抓住了另外两个人！”人群围着他们，人们对乔治和阿提库斯流露出渴望的目光。

“孩子！”当他们被大量人群推着往前走时，他们小声喊道，“孩子！”声音充满了悲伤。时不时有人伸出手轻拍他俩。

有一个女人哭了。“救救他们！”她向周围的人恳求道，“帮帮那些孩子！”但她很快就被拖走了。他们听到背景声音中有微弱的呻吟，像是人群中传来的低语。“救救他们！”

“闭嘴！”斯利米克斯喊道。他押着两个男孩向前走。

尽管天气很热，就在被斯利米克斯抓住之前，阿提库斯又把帽儿掀了下来，所以下面的人什么也看不见。但是乔治，光着头，满

身污垢，很明显是个小男孩。

“这是一些偷盗的难民小孩，他们试图利用伊甸园的慷慨给予却不给任何回报。来这里是为了偷走我们的善良，带来疾病和非法思想。感谢你们伟大的领袖，他的保护使你们免受影响！”

人群退却，也不再有人低语。

“那更好！”他们身后有人嘘声说，“别碰孩子！只有专业人士才能照顾儿童！你知道规则。”

乔治和阿提库斯像小罪犯一样，朝着邓普大塔的大金门走去，人群都吓得缩成一团。

“你要带我们去哪里？”乔治问。

“你会知道的。”斯利米克斯回答说。他们现在已经到了入口，这里由重量级的安全机器人肩并肩站立把守着。他们中间站着一个人，和周围的机器人一样高大健壮。

两个孩子被粗鲁地推到机器人跟前，机器人抓住了他们。

“让我进入你的思想流吧。”站在机器人中间的一个人说。

“哦，是的，你的安全性。”斯利米克斯回答。猎童看起来很可笑，他是一个满脸胡须，戴着破旧的遮阳帽，穿着补丁衣服的老人。但他还是忍不住要做个自我介绍，万一人群中有人想认识他呢。“我很荣幸地向大家介绍我自己：斯利米克斯·斯利莫维奇，伊甸城邦最成功的猎童和我们伟大城市的安全保护者。你会看到我的注册信息是在世，你可能会注意到，去年我获得了一项奖励，表彰我在城市内逮捕了大多数儿童。事实上，你会看到我的服务是“五星”好评——而且我确实应得。噢，它们是难解决的小事，他们躲在非常特别的地方。就在上周——”

“别说了，”保安长说，他那光滑的脸上没有丝毫表情。“这是什么？”

“阁下，”猎童搓着双手，会心地笑了笑。“今天我逮捕了两个孩子，”他吐了一口唾沫，“试图侵入伊甸园，搅和和平庆典。”

保安长嫌弃地看着乔治和阿提库斯。“孩子们不允许在伊甸园里自由漫步。”他说，“他们应该在分配的工作区内。在清算日把他们带到城里会引起麻烦。那些父母都为失去的孩子哭泣！它破坏了娱乐的氛围，根据特雷利斯·邓普政府的要求，愿邓普永生。把他们带走，”他接着说，“把他们扔进海里。别再来烦我了。”

“啊，但你是最谨慎的。”讨厌的猎童多话道，“这些可不是随随便便的孩子。”

“那他们是什么？”保安长问，他显然没什么兴趣。

“他们是特别的孩子。”斯利米克斯笑着说。“有价值的信息来源。特雷利斯·邓普，愿他永生，专门让我去抓他们，把他们带到他跟前。”

保安长现在高度戒备。“我怎么不知道？”他喊道。

“绝密任务。”猎童自夸道，“经手人才知道。”

“我明白了。”保安长说。他以某种方式和大楼里面的人交流。他点了几下头，又转向猎童。“谢谢你，斯利米克斯，”他说，“我现在接手他们。”

“啊，只是和你分享快乐，”斯利米克斯说。“可能会有奖励。如果你不介意的话，我亲自去上交这些孩子。”

保安长显然并不介意，他移到一边让斯利米克斯进去了。机器人跟着他们。斯利米克斯穿过巨大的门厅时欣喜若狂。

“金色电梯！”他喊道，“终于！这是一个值得骄傲的日子，斯利米克斯·斯利莫维奇坐上了金色电梯！噢，如果他们现在能看到我的话。”

“他们可能会看到的。”乔治说。环顾大厅，似乎全是金的。它是由一个看起来像是真火焰的大型火盆点燃的，火光在黄金表面闪烁，给这个地方抹上一层幽灵般的光辉。“我想到处都有摄像头。”

他们面前有两扇门，门上镶嵌着透明的大石头，在不断变化的光线中发出一道闪光。

“钻石！”乔治说，“为什么电梯上会有钻石？”

“闭嘴。”斯利米克斯说，他摘下了脏帽子，正试图重新整理他稀疏的头发。“你……别说话！”

“为什么不能说话？”乔治觉得自己现在没什么可失去的了。

“因为，”斯利米克斯说。他一边往手指上吐唾沫，试图弄平一根不守规矩的头发，一边盯着金色窗格里他那扭曲的黄色倒影。“你是垃圾，没人想知道。”他小心地把那顶可怕的帽子放回了头上。“另一个很好很安静。”他赞许地朝阿提库斯点了点头。

乔治热切地希望阿提库斯从迷茫中恢复过来。否则，他真的会孤立无援。

电梯门向后拉开，露出一个更大的金盒子。乔治从来没有想过他会在一个地方看到这么多金子，以至于它变得枯燥乏味，他发现自己渴望一些普通的东西，比如一堵砖砌的墙。

他们身后的机器人把他们都塞进了金盒子。当门关上时，斯利米克斯高兴地叹了口气。

“终于！”他说，“斯利米克斯终于上来了。”

第十九章

门开了。斯利米克斯刚才看起来那么热切，现在却突然不想出去了。

“你先走。”他对乔治说。

“不，你先。”乔治礼貌地说，他很奇怪为什么斯利米克斯突然显得那么紧张。

“不，你。”斯利米克斯粗暴地把乔治推了出去。阿提库斯紧跟其后，他的防护帽还是盖上的。

他们走上前去。和门口大厅一样，这间巨大的房间也被黄金覆盖着，但在黑暗和阴郁的地方，它发出的光芒更强烈明亮。巨大的窗户覆盖了墙壁——在没有窗户的地方，就挂起巨大的镜子。吊灯上垂着水晶，看上去很古老，好像是从另一个时代的宫殿里拧下来的。人影站在房间边缘，有些人被落日的余晖照亮，有些人则在逆光中站成一束剪影。

但中间站着一个男人，他头上的枝形吊灯将他清晰地照亮，光线洒满整个房间。经过这些浮华和壮丽之后，他看上去很普通：只是一个穿着金西服的人，专心致志地和一个看不见的对手下棋。但乔治注意到，他看上去和广场上的人很不一样——更老、更胖、皱

纹也更多了，眼睛小到都快看不见了。

老人拿起一颗棋子，深思熟虑地把它移到另一个方格。但是看不见的对手移动得很快——对手的棋子占据了一个攻击性的位置。这个人在棋盘上又走了一步，但他的对手直接“将军”。

“这不管用！”那人环顾四周，怒气冲冲地说，“又赢了我！”

房间边缘的人影拖着脚走路。

“我想要更多！”那人喊道，“我需要更多的脑力！我需要比机器厉害！”

“是的，陛下。”那些人影喃喃道，“我们会帮你修好的！”

“我要她！”他大吼道，“我要你带她来见我！她为什么不在这里？”

“也许因为你威胁她要把她关起来，”一个侍从紧张地说，“她才逃跑的。”

但是那个侍从很快被一个大机器人带走了，机器人把他拖下来，从房间里赶了出去。

“我们正在努力！”其他侍从说，“我们给她的报价很有吸引力！”

“多做一些，再多些。这是命令。”那人安静了下来，有些不祥的感觉。“我是伊甸园里最聪明的人。我有最聪明的头脑。我不会被所谓的智能机器打败……”

“您是否想过，”一位侍从紧张地说，“我们可以让机器变得更蠢一点？就像我们对人类所做的那样——我们取消了适当的教育，看看这是多么的成功！他们相信我们说的一切！”

“傻瓜！”那人说，环顾四周看看是谁说的。“我们试图改变机器学习。我们做不到！他们现在太聪明了！他们比我们更智慧！很快他们就会足够聪明从而来决定我们的未来！我们将无法控制——机器将掌控世界！邓普政权必须由邓普来统治，而不是由机器来判定优先等级和做决定。”他转过身来，看到孩子们站在那里，身后是斯利米克斯。

“您好，主人。”斯利米克斯紧张地环顾四周。“我非常荣幸再次

受到您的接见。我相信你过人的智慧一定会记住斯利米克斯·斯利莫维奇——最成功、最受好评的五星猎童。”

“快点接着说。”那人挥挥手说。

斯利米克斯试着恭敬地鞠躬，但忘了他头上戴着古老的遮阳帽。帽子掉到地上滚向窗边。斯利米克斯惊恐地叫了一声，“我的帽子！”追着去捡帽子。

那人慢慢地向孩子们走去。他越走越近，他们意识到他在城市广场上的化身过于美化了，真人版不仅看起来老得多，而且还非常难看。

“好吧，你知道我是谁。”那人说，他突然变得不那么自信了，因为他面对的是真正的孩子。

“呃，不，”乔治礼貌地说，“不见得。”

“骗子！”那人说，“新闻！每个人都知道我是特雷利斯·邓普，愿我永生，这个世界的救世主。当人们向我哭喊‘特雷利斯！特雷利斯！救救我们！’我在那里支持他们……”他的眼睛闪着光。“我继承了我父亲的工作，我拯救了我的人民，我建起了高墙和塔楼，我创造了这个城市。我改变了世界。”

“你确定吗？”乔治礼貌地说，“你把它变得更好了？”

特雷利斯·邓普看上去很愤怒，斯利米克斯捡了他的帽子又回来了。

“别听那男孩瞎说，大人。”他咕噜着，尽量靠近特雷利斯。“我们还没确认他的身份。他是被移民抛弃的孩子。他什么都不知道。”

“那他为什么会在邓普大塔里？”邓普咆哮道。

“因为另一个孩子，”斯利米克斯带着可怕的眼光说，“我刚听

说那个女童是‘泡泡’的逃犯，她可能会给我们提供信息，这将直接导致您揭开叛徒的面纱！”

阿提库斯掀开帽子，站在那里傻笑着，又警觉起来，他显然不是小女孩，也不是“泡泡”里的学生。很明显，他是一个来自森林的男孩。乔治松了一口气，至少他有朋友暂时脱险了。

斯利米克斯倒吸一口气。房间里有人喊道，“不！”

“你是在开玩笑吗？”邓普说。

“绝对不是，大人！”斯利米克斯看上去吓坏了，脸上写满了错愕。

“这是个沼泽地的小子！”邓普猜得很正确，“你来自殖民地，是吗？”

阿提库斯点了点头。“是的，我是。”他吐词清晰，“我是一名三级战士，来自殖民地。我母亲是妈图什卡，我们民众的领袖。总有一天，我们会超过你，伊甸园也将不复存在。”

房间里的人倒吸了一口冷气，但邓普只是仰头大笑。“噢，斯利米克斯！”他叫了起来，“你答应过我你会带来情报，揭露那些在最高层与我作对的人。相反，你给我带来了这些无用的、一无所知的小家伙！”

斯利米克斯看上去像一个倒霉蛋，本以为自己发现了隐藏宝藏，结果却发现宝藏只是一只旧玻璃瓶。

“这就引起了我下面的问题，”邓普脸上露出虚伪的微笑，“如果有一个‘泡泡’孩子正在逃亡，那么那个孩子现在在哪里呢？”

乔治倒吸了一口气。他知道最终伊甸园会解决这个问题，即使是九天也无法永远封锁赫欧的消息。

也许赫欧缺席了奇迹学院的报到，不管怎么说，这场比赛可能是为了让赫欧远离这场在大塔顶上尴尬的谈话。

没人想回答。

“疯狂猎犬？”邓普轻声说，“继续找吧！”

“我们被转移注意力了，”一位饱经风霜的老兵轻声说道，“在伊甸园南部的长城附近有骚乱。”

“长城那边什么也没发生！”邓普喊道。“你们这些白痴！又被发送假消息的反叛机器人给愚弄了。”

“我们在机器人和人类情报局上遇到了一些挫折。”疯狂猎犬承认道，看起来他宁愿面对全军围攻，也不愿与指挥官讨论这个问题。“他们似乎正在建立一个机器与人合作的系统……有反派相信未来机器和人类将通力合作。”

“找到他们！”邓普尖叫道，“把任何合作都压制下去！伊甸园不是这样的！我们不愿意与任何人一起工作！分开他们！让他们互相憎恨！我们就是这么做的！看看效果如何。”

疯狂猎犬看起来很沮丧。“如你所知，指挥官”——他显然是豁出去了——“智能机器现在领先于我们了。我们正在失去对他们的控制——他们的认知使他们能够利用所有现有的知识，来质疑他们认为对我们的人民和地球来说不明智的任何决定。”

“我只想知道，”邓普非常谨慎地说，“那个从‘泡泡’逃出来的学生在哪儿，这个孩子是怎么失踪的。”他把头歪向一边，好像在听什么似的，点了点头。“那合情合理。”他自言自语道。

他转过身来，环顾了一下站在房间里的政府人员。乔治倒吸一口冷气，他看见邓普的目光正盯着他认识的人，妮穆！赫欧的监护

人！现在游戏真正拉开序幕。

“部长，”邓普对妮穆说，“请向我解释一下你照顾的那个女孩是如何逃脱的。为什么我们现在有两个脏兮兮的、没用的男孩，而不是一个经过特别挑选、脑力一流的‘泡泡’里的学生。”

“大人，”妮穆说，用手指在连体衣领口上绕了一圈。她看上去很疲惫。“我不知道。”从她的表情来看，她认为这是她的底线。

“你，”邓普威胁说，“被迫使用你的优质遗传材料来培养学生供伊甸园使用。我们给了你很多机会，但你一直拒绝了！我告诉过你我们需要一个有史以来最聪明的学生。就像超级大脑，有足够的智商去战胜机器。尽管你总是告诉我你对这个政权有多忠诚，但你似乎并不想这样做。为什么会这样？”

妮穆哽咽无言。她不自觉地环顾四周寻求帮助，站在她边上的机器人吸引了乔治的注意力。

乔治看着机器人的眼睛。它摇了摇头。乔治又闭上了嘴。它不是九天，不是他在“泡泡”里遇到的机器人，不是那个负责照顾赫欧的机器人。它看起来像是乔治在伊甸园看到的普通机器人，标准的政府机器人。但是，这个机器人在不同的身体中是否具有相同的智能？可能是九天吗？他突然感到一丝希望。

“你的家族姓氏不是最好的，”特雷利斯不耐烦地告诉妮穆，“你没能阻止机器学习超越这个政府。所以那孩子将是你最后的机会，而现在你把她弄丢了。”

家族姓氏？乔治想，他发现自己还不知道妮穆姓什么。

妮穆吓得脸色发白。她想说些什么，但终究没有出声。

“你被解雇了。”邓普说，“再见。永不再见。至于那个孩子，人们都说她没那么聪明。”

“赫欧只有九岁，”乔治说，他走上前去，清脆稚嫩的声音在拱形房间里回响。“她很聪明。如果你给她适当的教育，她什么都能做。”

“骗子！假新闻！”邓普指着乔治说，“你一个移民算什么东西。”

但乔治坚持道：“不过，我们在一场反常的天气风暴中遇到意外，然后在森林中把赫欧弄丢了。这不是妮穆的错。”

“没有反常的天气！”邓普尖叫道，“我已经禁止任何人提及天气——只有伊甸园有最好的天气，我会亲自解雇任何反对者！”

“当然，大人，”疯狂猎犬同意道，看上去他可能病了。“这肯定又是机器制造的假新闻。”

“那些机器！”邓普握紧拳头说，“我们必须阻止他们！不能让他们挑衅我的决定，挑战我对世界的愿景。我会在他们控制我之前控制他们！我必须掌权——这就是伊甸园的运作方式。我不会让机器干扰或试图帮助‘人民’获得自由。”他转向乔治，“那么，孩子，”语气中有一种不祥，“我该拿你怎么办？”

“你可以……”乔治假装在思考，“把我们送入太空？如果你那样做的话，你会彻底摆脱我们。”

房间里传来一阵惊奇的低语。

“不知道你什么意思，”邓普漫不经心地说。但乔治猜他已经找到了目标。

“你要进入太空了。”乔治想他最好冒险赌一赌。“你在太空中建造了一些东西，不是吗？那是什么？空间站？”

突然间，乔治想起了为他开启这场疯狂冒险的人——玉衡天璇，一个曾试图从轨道飞行器上统治地球的人。当然！乔治心想邓普一定也有同样的目标。

“这座塔对你来说不够高！你想凌驾于所有人之上，统治整个世界，所以你要坐在你的宇宙飞船里，对于地球上任何不服从你的人，威胁将对其发射导弹！”

“如果是，那又怎样呢？”邓普冷笑道，“你还没来。”他哈哈大笑，“这颗星球已经完了。太可悲了！失败的人啊。”

“那你为什么还在这里？”阿提库斯恢复了正常。“如果你讨厌这个星球，不喜欢这里的人，为什么不离开呢？”

乔治几乎大笑起来。“他不能！我看到在下棋时人工智能打败了你！你输的不仅仅是下棋。你什么都输了！”

“我说——闭嘴！”邓普指着他说。

“现在怎么办，阁下？”疯狂猎犬试着问接下来的计划，显然他在想自己能否离开这个异常尴尬的会议。

房间里安静了下来。

但是，就在他本该走投无路而道歉的时候，他态度 360 度大转变。他摆正肩膀，鼓起胸膛，把一只手搭在乔治的肩膀上。“所以，”他把乔治带到窗前，他们可以俯瞰整个伊甸城邦，高楼林立、人头攒动。一面是空旷的沙漠，另一面是大海撞向路障。“我们做个交易吧。”

第二十章

乔治坐上一艘小船，漂浮在波涛汹涌的海面上，现在他有足够的时间思考刚刚发生的事情。冰冷的黑色海水拍打着船头，他试图捋清楚一切。这太令人不解了。海上还非常寒冷。夜空中闪烁着灿烂的星辰，如此美丽壮观，无与伦比，比特雷利斯·邓普制造的任何高塔、城墙和武器都要漂亮。

乔治向前漂去，小船在一片黑暗的海面上随风漂荡。特雷利斯·邓普的交易并不是真正的交易。乔治不得不独自穿越大洋到纳-赫阿尔巴，与其领导人进行谈判，这是一个神秘人物，邓普只说是“她”。乔治必须把“她”带回来，那样她最终才会同意帮助邓普推翻那些阻止他从太空中永久统治世界的机器人。

“交易是什么？”当邓普站在他身旁从高塔眺望远景时，乔治大胆挑衅地问道。塔周围的建筑都是镜像，塔身很高，有些有绿色的墙，云线以上生长着灌溉良好的植物。乔治在一边看到了一座巨大的建筑——虽然没有塔楼那么高——它被建造成一个闪亮的圆环，在明亮的阳光下闪闪发光。但在邓普大塔周围的内环外，建筑变得越来越破旧，两边变成了大片的棚户区。乔治可以看到，他进入伊甸园的繁荣之门是为了让游客对这座城市有一个最好的第一印象，

直接通向中央广场和大塔。最后一边是海岸线，布满了军事防御。大海是海军蓝的，浪潮澎湃形似白马，但乔治只能从遥远的地平线上看到一条绿色条纹。那一定是纳-赫阿尔巴！他自言自语，这么近又那么远。

邓普笑了。“所有又一无所有。”他说，“你照我说的去做，你成功了，她回到伊甸园，重新编程智能机器，使它们服从我，只服从我，那么大家都能得救。你不照做——那他们也将不复存在。”

“什、什、什么？”乔治说，“但是……”

“你听见了，孩子。”邓普脸上的笑容荡然无存。“说清楚了，那关系到每个人。”

这对乔治来说不是什么选择。邓普有能力实施这样的威胁吗？他问自己。如果他不回来，邓普会不会实施他可怕的威胁？只有一种方法可以找到答案——那太冒险了。如果邓普不是虚张声势，那么所有人都会死去。

乔治意识到这对邓普来说也是一场赌博。显然他需要那个神秘的“她”。邓普相信她掌握着他这个败落的王国公司的核心，正如乔治当下所看到的这样。伊甸园里没什么在真正起作用——大多数民众都不快乐、饥饿和极度贫困。那些不是孤立地生活在树林殖民地的人，他们的生活方式是基于古老的生存实践，他们身上散落着少量的科学知识，或者他们像疯子一样在沙漠里到处乱跑，或者被“泡泡”中的科技所限制、监视和迷惑。

即使是在邓普大塔顶端的人们看起来也很害怕，好像他们对下面土地的掌控也逐渐削弱。乔治想，伊甸园也许只是名义上属于邓普，但实际上它根本不属于他，不在人们心中，也不在他们的头脑里。

在乔治被派出大塔之前，他得到了一个明确的命令。这次他没走金色电梯，走的是后面一个肮脏潮湿的电梯。

“在下一次日落之前，把她带回邓普大塔，否则后果自负！”邓普对乔治吼道，“她必须独自前来，不能带军队。如果她带来增援部队，那么歼灭行动将立即启动。”

妮穆在这次交谈中脸色煞白，她试图干涉。“可是，大人，”她恳求道，“没有人能越过这里和纳-赫阿尔巴之间的可怕海峡。这太危险了——这孩子要么沉入水中，要么被鱼雷炸死。当他们看到一艘小船靠近时，他们会用导弹瞄准他。”乔治意识到，尽管她自己身处绝境，但她还是在替他求情。

“那他最好希望他们不要那样做。”邓普波澜不惊地说，“也许吧，”他威胁地瞪着妮穆，“你和纳-赫阿尔巴有某种秘密的交流方式，能给他们传递信息吗？”

“不，陛下，”妮穆谦逊地回答。“我告诉过你——我们所有的网络都无法与他们沟通。”

“或者，”邓普的一个下属—— 一个发型精致的金发瘦脸女人上前说道，“也许有人能用一台超级强大的智能计算机，将信息发送给纳-赫阿尔巴，它的编码使我们无法拦截它们。这将是另一种提前告诉他们这个男孩带有重要任务的方式。”

乔治保持冷静。他现在已经解决了很多问题，而且他非常清楚妮穆确实有这样一台超级计算机——以九天的形式，乔治知道，他不是一个普通的机器人。九天是否有能力向纳-赫阿尔巴传达信息，他完全不知道。他只能抱有希望。

“别搞笑了，”邓普轻蔑地说，他太自负了，不敢想象这样的事情会发生在他的眼皮底下：一台超级计算机可能就藏在他身边。“如果我们找到了超级计算机，我们就能用软件修复机器学习，修改他们的能力，让他们重新受制于我们。我们将能再次统治世界了。”

妮穆揉了揉额头。“是的，大人。”她礼貌性地表示赞同。“如果我们有超级计算机，我们一开始就不需要她了。”

“疯狂猎犬！”邓普喊道，“我们为什么不知道超级计算机在哪里？”

“我们一直在寻找它，”疯狂猎犬谦卑地说。“但自从您停止了大多数人类的真实学习，这就变得更加困难了。我们不可能预见到这些机器会对我们以及我们如何管理世界了解得这么多，以致最终它们将矛头转向我们。”

“最重要的是，”邓普的金发顾问说，“我们知道她没有超级电脑。如果她——和超级计算机再次碰面……”

一想到这一点，邓普脸色变得煞白。“那个讨厌的女人！她永远也得不到超级计算机。即使我们没有，我们仍然强大！我们无人能敌。她是个失败者。”

“你需要那个失败者，”疯狂猎犬看着他的脚说，“否则机器就会接管。”

“太离谱了！”邓普喊道，“我是伊甸园最聪明的头脑！当我接触奇迹学院的智囊团的时候——”他的女顾问踢了一下他的脚踝，他停了下来。“把这个男孩带出去。”他打量着乔治，“把他带走，把他送到那个愚蠢、悲惨的地方去。要么他会被冲出海面，要么他会找到她，把她带回伊甸园。不管怎样，”他脸上露出狡黠的笑容，“都是我赢。”

乔治被匆匆赶出房间时，听到一个声音传来。

“但是我呢？”阿提库斯说，“要把我怎么样？”

乔治没被允许待在那里听完回答。他只希望他来自森林的朋友能在那间奇怪的塔楼房间里活下去。

现在，在一片漆黑中，乔治开始意识到另一件事。他的船开得越来越慢。起初，它被波浪推着前行，但逐渐失去动力。海水拍打在他的脚上，钻进破旧的靴子里，他感觉脚冰凉。乔治抬头看着星星。有一次，他和他最好的朋友安妮，通过超级计算机 Cosmos 打开的空间入口去到那里。他和安妮谈论过科学和宇宙，生活在一个他们认为一切都变得越来越好，人们变得越来越聪明、善良的世界里。未来怎么会变成现在这样？

这时，夜景变了：乔治被允许携带一支火把，微弱的火光只能照亮小片区域，但突然间火把周围整片都照亮了。那真是令人眼花

缭乱；白色探照灯掠过大海，直到灯光落到他的小船上。一大群无人机在头顶上嗡嗡飞过，瞄准他，然后把他的图像传回来。乔治知道，与此同时，船上安装的另一个摄像头也会监控他的进度，并将最新情况发送回邓普大塔。一个自动语音播报：

“停止！掉转船头！您现在非法进入了纳–赫阿尔巴的水域！您没有权限来这里！重复一遍——您无权来这里。”

但乔治的船继续向前方下游航行——缓慢又有些下沉，但是乔治也无能为力。

“掉转船头！”自动语音命令道，“您不能再靠近纳–赫阿尔巴了！我们将采取武力反抗！”

正当乔治尝试考虑一下的时候，船向前冲去。

“您现在处于危险之中。”那个声音警告说，“禁止从伊甸园海岸线接近纳–赫阿尔巴！我们将对您发起攻击！”

乔治心想，用这种语言对付一个漏水小船上的男孩似乎很花哨，但他认为这个系统已经被设计成超越界限就会对伊甸园的战舰采取行动。他见过那些军舰，它们身上布满了蓄势待发的弹头，能够从独立小岛上远程盲击目标。

难怪纳-赫阿尔巴有一个反应迅速的系统，时刻准备着，当有外物越过边界时立刻精准打击。

在那一刻，乔治想到了所有发生过的事情——他是如何乘坐宇宙飞船穿越整个太阳系的，他看到宇宙在他面前展现出它的壮丽和神奇，以及他如何完成任务，使它重返地球。他现在必须完成这项新任务，他还没有放弃。他想到了一个主意。他只有最后一次机会——只有一次——他意识到这是他生命中最漫长的一次射击，在他的船沉没或无人机发起攻击之前。

他从摇摇晃晃的小船里站起来，水已经涨到了小腿，面对聚光灯，他大声喊出唯一能救他的话：

“安妮！”他大喊，“安妮，是我！乔治！”

第二十一章

“现在这就是创造入口的方法！”安妮说。她盘腿坐在一个很大的垫子上，这里看上去很奇怪，像是乔治和安妮曾经共享的那个树屋，很久以前，当世界还是另一个完全不同的世界的时候。

乔治在海上突然获救后被带到她身边。有一次，他无奈又绝望地叫喊到深夜，希望他的朋友能听到他的声音，一切都变了。一艘船出现在他旁边，水手们把他拖上船。乔治裹在一条毯子里，水手们给了他一个热的保温瓶，里面的东西尝起来像甜茶，很好吃。水手们都很和蔼，但对他心存怀疑。他听到其中一个水手在争论他是否是一个聪明的伊甸城邦的间谍，不知何故设法潜入了纳-赫阿尔巴。但很快被另一个声音打断，他提醒说话的人，是高层下令拯救乔治的。

穿过海峡到达纳-赫阿尔巴的旅程虽然波涛汹涌，但对乔治来说是令人振奋的。他可能已经筋疲力尽，甚至快冻僵了，但他成功了！他在去往可能安全的地方——纳-赫阿尔巴！他是靠喊出他最好朋友的名字而获救的。他试着问水手们一些问题，尽管他们很友善，但他们不想告诉他任何事情，以防泄露了他不应该知道的信息。乔治闭上了眼睛，睡了个好觉。直到他被塞进一个温暖的小屋时才

醒来，在那里他被要求脱洗衣服，换上一套睡衣，然后再睡觉。后来，他又被吵醒了，被告知穿一件柔软的棉质连体裤，要带他去见安妮。

再次见到安妮是他旅途中，所有非凡经历中最震惊的事情。

“你这么老了！”他一见到她就忍不住脱口而出，但他还是立刻就认出她来。她仍然是他以前认识的那个女孩，但她的脸上已有皱纹，头发也多了银丝。

与此同时，安妮喊道：“真的是你吗？”她伸出手来拥抱他。他能看出她长高了，变瘦了，但依然强健。这好像在拥抱他的祖母而不是他最好的朋友、整个宇宙中最喜欢的冒险伙伴。

“哇，好神奇！”安妮说。他们都伸手去擦眼角的泪水。“乔治！我从没想过会再见到你！”

“我来了！”乔治说，他真不敢相信这是真的。他们又在一起了——但她和他之间却差出几十年的年龄和经验来。这就像当初他一半身体通过量子传送出现在遥远的木星卫星，而另一半朝着安妮喊救他。他觉得自己的一部分似乎跨越时空的巨大鸿沟在召唤着她。“你总是比我知道得多。”他说，试图掩饰自己奇怪的感受。

“有很多东西要跟上时代！”安妮说，她那布满皱纹、饱经风霜

的脸，深情地朝他微笑着。她捏了捏他的手背。“你太年轻了，乔治！我渐渐变老了，比你老多了。”安妮虽然老了，但她仍然保持着清醒的态度。乔治想知道他们中谁会在短跑比赛中获胜。他想可能是安妮吧。

“安妮，真不敢相信我又见到你了！”乔治说。安妮的手背与他的手背相比，青筋突起，皮肤上布满了皱纹和斑驳的黑色斑点。

“我有很多事要告诉你！”安妮说，“但首先纳-赫阿尔巴的民众想知道你是否在为邓普工作。乔治，看在我们长久友谊的份上，请对我说实话——对我来说，我们的友谊比你所经历的要长得多！你站在邓普那边吗？你为什么从伊甸城邦来？”

“我没有为邓普工作！”乔治激动地说，“只是好像，安妮！”

“我知道！”安妮叫道，像往常一样转了转眼睛。“我说了——我告诉他们了！这是不可能的！当你站在船上喊出我名字的那一刻，我就知道那真的是你——我也知道你和邓普不是一伙的。”

“我是和一个女孩一起来的。”乔治说，他坐在安妮对面的大靠垫上，可以俯瞰到纳-赫阿尔巴的灌溉景观。他发现此时正阳当空，这意味着他睡到很晚才醒。“一个我从伊甸园带出去的孩子，因为她不安全。”

“还是老乔治。”安妮说，“总是拯救别人！”

“但是我们分开了——或者说她逃跑了，最终我和另一个朋友，来自沼泽地的阿提库斯，来到伊甸园。”他瞥了安妮一眼，发现她看起来有点困惑。也许他没有用足够成熟的方式来解释这个问题？她看上去并没有理解，就好像乔治给爸爸妈妈解释一个什么事情时，他们也总是不能理解。他决定直接说重点，“我没有太多时间了——

我有一条邓普带给你的信息。”

“信息！”安妮哼了一声。“我们总是收到伊甸园的信息——大多数都是假的！他们总是试图欺骗我们——正因为这样，我们才关闭了与他们的通信渠道。”

“不，这次是真的。”乔治说，“而且它现在正在发生。邓普，他想让你去伊甸园，立刻，否则就晚了！”

安妮喘着气说：“太晚了？”她重复道，“你在开玩笑吗，乔治？”

“没有，”乔治坚定地说，“我绝对不是在开玩笑。一点也不。他威胁说，如果你不来，他会杀了那里的所有人。所有人，安妮。”

“你知道特雷利斯·邓普做了什么吗？你知道他和他父亲对我做了什么吗？在他完全掌权之后，对我爸爸、对你的家人、对地球上所有人做了什么吗？特雷利斯·邓普一世已经够糟糕的了，在气候灾害中握住了控制权，每次都把利益摆在人们面前。但当他的儿子决定进一步发展时……我们经历了战争，乔治。一场杀死数百万人的战争。然后是伊甸园。你知道他在过去的四十年里把伊甸园变成了一个多么悲惨的地方吗？我不能和你一起去那儿！不管他给你发什么假消息！”

“好吧，我当然不知道！”乔治说，“我刚从过去来到这里，错过了好几十年的东西。我一直在努力解决这个问题，但是没有人会告诉我任何事情，如果他们这么做，我也不知道自己是否可以相信他们！但我知道我可以信任你，我需要你的帮助，安妮。”

安妮皱了皱眉，靠在垫子上。她吹了一声很酷的口哨，“我明白了。”她说，蓝眼睛一闪一闪的。乔治意识到他认识的安妮来自过去：女学生、科学家和冒险家。但是这个成年的安妮，这个反叛军

的领袖和战士，这个凶猛、粗野、已有华发的金发安妮，眼前的她究竟是不是他以前认识的那个安妮呢。

“为什么？”安妮又坐起来，托着下巴问道，“我为什么要离开纳–赫阿尔巴，在这里我们过得和平又安宁”——她指着阳台外面，乔治可以看到起伏的山丘、低矮的建筑物、波光粼粼的湖泊——“回到一个被抢劫、监禁、欺骗、拒绝和差点被杀害的地方？乔治，我不得不逃命。我逃出去了，但不是每个人都那么幸运。”

“埃里克怎么样了？”乔治问。他也想知道自己家里发生了什么事，但他不知道自己敢不敢听到答案。

“他被放逐了。”安妮说。

“去哪儿？”乔治问。

“被派往火星——因为叛国罪。”安妮说，“有人背叛了他。他们把他的工作消息泄露给政府。在他被捕之前，他只有时间告诉我他要继续他的工作。就在那时，我尝试从宇宙中传递信息给你！你走了太久，我想也许你已经在火星上安家了——我们想去那里很久了，你还记得吗？你，乔治，正在太空探索新的世界，发现我们一直问的问题的答案；我知道你的答案在某个时候会被带回来促进地球上的科学的发展。我希望玻尔兹曼·布莱恩能保护你的安全。你也许能帮助埃里克。但我们太晚了。”她停顿了一下。“我们在战争中幸存了下来，但我们只能及时地离开了伊甸园。”

“我们？”乔治说。

安妮说：“我带着你的家人，他们都很安全。”乔治松了一口气。“那时我已经是一个科学家了，一个成年人，三十多岁了，我有很多不想留下来的科学家同事。所以我们离开了——但我们必须有人卧

底，这样我们就不能带走所有人。很多人被留在后面了。”

“我想我见过他们中的一些人。”乔治说，想到了妈图什卡和殖民地。

“我还是不知道是谁背叛了埃里克。”安妮说，“尽管我有所怀疑。”

“我见过妮穆。”乔治说，“她想让我告诉你，不是她，她没有背叛埃里克！她和这一切有什么关系？她是谁？”

“妮穆，”安妮颤抖着叹了口气，“是我妹妹。”

“什么！”乔治说，“但怎么可能呢？”不过，当安妮说的时候，就有一种奇怪的感觉。

“她比我年轻得多。”安妮说，“我可爱的妈妈在与管弦乐队一起巡演时死于一场严重的车祸——在这一切发生之前，在大裂变之前，在伊甸园之前。我很难过，但我很高兴她没能活着看到这一切。妮穆是埃里克第二任妻子的孩子。她是……”安妮长舒一口气，“我很久以前见过她。我不喜欢她，我觉得她很危险，被宠坏了。当然很聪明，她是个神童，比你我都聪明。特别烦人！但埃里克很宠爱她，听不得一句反对她的话。比妮穆背叛他更糟的是她十几岁时就和这个政权纠缠不清，我们相信是她通知了他。”

“但那，”乔治继续他的思路，“意味着埃里克是赫欧的祖父。”

“赫欧？”安妮吃惊地问，“你是说一个叫赫欧的女孩真的存在？”

乔治点点头。“是的！那是和我一起旅行的‘泡泡’里的孩子。她为什么不存在？”

安妮叹了口气。“我以为她是个圈套。”她试图解释，“以为那是条假消息。妮穆知道我永远不会做任何事来帮助她，在她对埃里克做了些什么之后。我以为她捏造了这个孩子——埃里克的孙女，引诱我回去！”

“你知道吗，妮穆似乎为埃里克感到难过。”乔治说，“她非常确定自己没有那样做。”

“我不相信她说的任何话。”安妮厉声说，“她任命自己为科学部长——在一个禁止任何科学、科学家和教育的体制下！”

“赫欧受过教育。”乔治悲伤地说，“但她只学到了很多不真实的东西，她无法发现真实的东西。她很高兴能去奇迹学院。”

“妮穆会把她自己的女儿送去奇迹学院！”安妮厌恶地打断了他的话，“去那个地方！我们曾经偷袭过一次，为了营救孩子们，把他

们放出来，但我们只救出其中一个。”

“我遇到了你救的那个孩子！”乔治说，“但她现在很老了！”

“什么，像我一样老？”安妮狡猾地说。

“哦，不，比你年轻得多。”乔治没有意识到自己刚刚说了什么。然后他住口了，有些脸红。

“没关系。”安妮打趣说，“我们需要一段时间来适应你年轻而我年老的现状。快告诉我更多关于妮穆和赫欧的信息。”

“所以妮穆假装要派赫欧去奇迹学院，但实际上她是想把她送到这里来！当我从太空着陆时，我被妮穆的机器人接走了，妮穆的机器人是她用来照顾赫欧的，他后来告诉妮穆，我应该带赫欧到纳-赫阿尔巴。”

“妮穆的机器人让你逃到纳-赫阿尔巴，带上赫欧？”安妮吃惊地问，“那是什么样的机器人？”

“嗯，我觉得它更像是一台寄居在机器人体内的超级计算机。”乔治说，“赫欧告诉我妮穆发现九天是在——”

“九天？”安妮看上去很兴奋，“你是说九天吗？”

“是的，”乔治说。“你知道，这太奇怪了。我几乎以为九天是……好吧，他好像认识我似的。”

“乔治，你知道 Empyrean（九天）这个词是什么意思吗？”安妮说。

“呃，呃，不知道。”乔治说，“貌似在手机上也查不到，是吗？”

安妮兴高采烈地说：“这是一个中世纪的拉丁词，意思是‘最高的天堂’，或者，有些人可能会说‘宇宙’。乔治，我想你找到了 Cosmos！”

“哦，我的邓普！”乔治用赫欧的口头禅说道。“哦！我的天哪！”原来安妮就是那个“她”啊，神秘机器人九天就是 Cosmos——他们过去探险之旅的老朋友。

“等等，”安妮说，“你是不是说 Cosmos 是赫欧的守护机器人？”

“是啊。”乔治说。

“所以有史以来最伟大的电脑一直在做保姆！”安妮说，“但妮穆是部长！她一找到它就应该把 Cosmos 交给政府啊。她绝不应该为了自己的目的而保留他，这是违反伊甸园规则的！”

“妮穆并不是邓普那边的人。我很确定她是个双重间谍，并且希望结束伊甸园——这样赫欧才能过上正常的生活！”乔治说，“她说了一些关于她和九天是如何完成她父亲的工作的事情——我的天哪，那就是埃里克——计划好但却无法实施的工作，因为他被背叛了。”

“我不相信！”安妮惊呼，“妮穆实施了他的计划？”

“什么计划？”乔治问。

“埃里克的计划是对保护地球的机器进行编程——他认为有一天机器会学到很多东西，以至于他们认为邓普是对地球的最大威胁，并努力打败他！你知道的，乔治，人类的愚蠢远比人工智能危险得多。埃里克认为人类和机器可以完全合作，造福于每一个人。就像他自己总是和来自世界各地的科学家一起工作一样，分享知识。他认为这是帮助大家应对地球巨大挑战的前进之路。他认为这将保护我们所有人免受邓普及其邪恶计划的伤害。但他没有时间完成他的项目，因为他被带走并送往火星了！你是说妮穆从政权内部替他完成了这项工作？”

“是的。”乔治说，“我想事情就是这样！现在机器正反对邓普，他发现很难领先机器。”他想起了他在邓普大塔里听到的一些事情。“邓普声称他有最好的脑力——他什么意思？如果他那么聪明，为什么他不能修改系统？”

“我不知道。”安妮说，“在这里很难得知伊甸园里的真真假假。”

“好吧，有一种方法可以找到答案。”乔治站起来说，“我们最好继续前进！”

“我们哪儿也不去。”安妮平静地说。

“什么？”乔治说，“我们必须这么做，安妮！我们必须回去，找到赫欧，拿到 Cosmos，找到我的朋友阿提库斯，拯救所有人！安妮，如果你不来，他就会——我不知道他会怎么做，但对伊甸园的每个人来说，这真是太可怕了。”

“看，”安妮说，“这很复杂。”

“不是的。”乔治说，“你站起来，我和你一起去伊甸城邦，去同邓普对抗，去拯救伊甸园的人民。我认识的安妮就会这么做。”

“但我不再是那个安妮了。”安妮平静地说，“我比你多活了很多年——我成年后不得不和这些人战斗。你想想我只是踏进伊甸城邦——”

“赫欧呢？”乔治挑衅地说，“你认为埃里克会不让你救她吗？如果你现在不跟我一起去，赫欧和奇迹学院以及其他地方的孩子都会死的。”

“成千上万的人在纳-赫阿尔巴岛上过着富有成效、快乐、和平的生活。”安妮抗议道，“我们这里有一个导弹防御系统，所以我们将暂时受到保护。如果我被邓普抓住，我会危及他们所有人以及他

们的生活方式。不，我们只是等。机器反抗已经开始了。也许人类的反抗也开始了，它将翻倒邓普和他的公司，然后我们再进军伊甸城邦，享受胜利和安全！”

“不！”乔治说，“伊甸园里没有人可以拯救！他们会被消灭的！你不知道机器会做什么——你只是在猜测。如果妮穆因为你，她的姐姐，在她需要你的时候没有出现，而她生气地决定真正去帮助邓普，可怎么是好？你不知道他会做什么！”

“这太冒险了。”安妮果断地说，“你会明白的——当你长大了。我必须和我的人民待在这里。他们需要我。”

乔治想了一会儿，“好吧。”他说，“我知道你是个成年人，而我不是。你能考虑到我想象不到的所有事情。但我那时就认识你，我敢打赌你已经教过这些人，”——他指着外面的纳-赫阿尔巴——“你所知道的一切。因为你就是这么做的。你得到了知识，这样你就可以和别人分享，就像你所说的埃里克。例如，那些人。”他随机指了在街上散步的一家人。“你已经教会他们做什么和怎么做。”

“好吧……”安妮慢慢说。

“但你现在的行为很像邓普。”乔治指责道，“说什么伊甸园的生命并不重要。那些人不喜欢我的人民，所以我不必关心他们。如果他们发生了什么可怕的事情，那也不是我的问题，因为我们在这里很开心，对于我们来说一切都很好。还不够好，安妮！”

“我明白了。”安妮站起来，给他一个非常成熟的眼神。“这是你的观点，是吗？”

“是的。”乔治说。

安妮终于笑了，正经的安妮笑了，回首往昔岁月和他们之间的

距离。

“我们还等什么？”她说，“咱们走吧！”她开始朝门口走去，但后来停了下来，转过身来。“有一件事，”乔治正要张嘴说话时安妮抢先道，“不要说你接下来想说的话。”

“我本来想说，”乔治回答，“你爸爸妈妈一定会为你感到骄傲。”

第二十二章

当他们接近伊甸园港口时，太阳正朝地平线落下，在城市上空投射出橙色的光芒。可怕海峡的海水非常平静，使他们下午晚些时候的旅程很顺利。他们看到红色的光落在巨大的污染云的边缘，像是为周围的高层建筑带上了一个个燃烧的小皇冠。安妮瑟瑟发抖。她在旅途中非常安静，当他们朝她躲避了这么久的城市走去时，她陷入了沉思。

“差一点就很美了。”她遗憾地说，“他们能做的好事太多了！但他们没有。”

乔治也不太愿意回到大城市。纳-赫阿尔巴拥有宁静的街道、小营地和快乐的人们，他第一次感觉回到自己的星球是安全的。

这时，一个声音突然响起。

“确定身份！”它说。

安妮在船上站起来——这船比乔治在头天晚上从伊甸园过来乘坐的更高级。它快速、平稳，并用有机燃料提供动力。

“我是来和特雷利斯·邓普谈判的！”安妮说得很清楚。

“你是谁？”那个声音回复。

“我是安妮·贝利斯。”安妮说，“邓普先生在等我。”

机器系统收到回复时安静了一小会儿。安妮和乔治心慌意乱地等着。他们会到岸边吗？但是气氛突然变了。

“我们一直在等你！”它发出隆隆声，奏起小号表示欢迎。“伊甸园欢迎你！请把船停好，在港口下船。”

“哼！”乔治感到惊讶，如果只是他一个人的话，即使他报了邓普的名字，他估计机器也还是会把他从水里射出来。

“好吧！”安妮说，“我认为机器正要准备反抗他。我敢打赌他没有授权他们给我奏乐！”

她熟练地驾驶着船驶向宽阔的码头，码头上排列着邓普机器人部队的成员。乔治紧张地爬了出来。安妮跳上码头，动作流畅，这让他联想起赫欧，在丛林中从一棵树跳到另一棵树时的敏捷。

阿提库斯！他自言自语。他现在在哪里？一旦他们救出了赫欧，他必须立即寻找他那来自森林的朋友。

站在邓普机器人军队前面的头领只有一个人——一个乔治在邓普大塔认识的人。正是那个一直与妮穆站在一起的政府机器人，乔治打赌他身下是他的老朋友 Cosmos。

“您好，尊敬的教授，星际迷航者，太空门女王，最受尊敬和最怀念的埃里克·贝利斯的女儿。”他礼貌地对安妮表示欢迎，伸出一只机器人手。

这样，乔治就能肯定这是 Cosmos。还有谁会向她敬礼呢？

“你好，我忠实的朋友。”安妮笑着说。乔治知道她立刻就明白了。“谢谢你来接我。”

“好吧，别人没人愿意来。”从前被称为九天的乔装的 Cosmos 小声说，“他们都蜷缩在邓普大塔里，疯狂地计划着你来了该怎

么办。”

乔治几乎大笑起来。他们三个这些年来终于在未来团聚到了一起，只有这个男孩还基本上保留着他们上一次见面时的样子呢。安妮变老了、更勤奋、伤痕累累、勇敢无畏；Cosmos 似乎已经具备了寄居在别人体内的能力，尽管这个身体是以机械的形式存在，而且作为一个政府机器人，还过着卧底的生活。但乔治还是一个男孩，努力在这个奇怪的世界里寻找自己的出路。

“我们去大塔安全吗？”他问道，想起了他们现在所面临的真正危险。

“不，”乔装的 Cosmos 说，带领他们穿过两边的机器人。“不安全。对你来说是最不安全的地方。伊甸园里别的地方也一样。你处于极度危险之中。邓普可能还有忠于他的人类军队，不管怎样，都会有对他言听计从的精锐小队。”

“Cosmos，”乔治问，“赫欧在哪里？阿提库斯呢？他们安全吗？”

“不，”Cosmos 说，“你的朋友们都不安全，但他们都还活着，赫欧在前往邓普大塔的路上。”

“什么？”乔治说，“怎么会那样？”

“这是一次比我们想象中更大的冒险，我计划的是让她和你一起穿越伊甸园去纳–赫阿尔巴，让安妮保护她的安全。”

“你为什么不告诉我你到底是谁？”乔治说，“为什么不告诉我‘她’就是安妮？”

“风险太大，”以前被称为九天的 Cosmos 说。“我是一个注册给妮穆大学负责育儿的安卓管理者。这为她保护我的身份提供了帮助。如果你泄露了这些信息，即使是不经意的，后果也会很严重。”

“你为什么不打开一个门户，把赫欧送到纳–赫阿尔巴呢？”乔治问。

“我这些年过得不好，”Cosmos 平静地说。“在垃圾堆里。我失去了那种能力。”

“你怎么敢这么自由地说话？”安妮问，“难道我们没有被监听吗？”

“是的。”Cosmos说，“我们没有被监听。正如

我们所知，这可能不是伊甸园的终结，但这是终结的开始。不管发生什么事，我都会很自豪地站在你和乔治的身边。”

“谢谢你，Cosmos。”安妮平静地说，他们三人从设防的伊甸园港口走进城市。

机器人守卫继续沿着路线行进，现在乔治知道了原因。两边聚集了大量的人群。他们一定是来伊甸城邦清算的，但自从乔治上次来这里后，气氛就变了。在他离开的短时间内，人群从疲惫、悲伤或因廉价娱乐而分心转向叛逆和愤怒。一场叛乱在空中蔓延。乔治听到大喊的声音，“这不公平！”还有“从你的塔上下来！”各种口号开始蔓延开来，“邓普垮台！”

在他们当中，仍然有一些忠于邓普的人试图把人们的情绪拉回

来，对着他们的头领大喊，“这是非法集会！你没有权限来这里！往后退！回去工作吧！”但是人太多了，他们不再关心惩罚。

“带我们去纳-赫阿尔巴！”人群中传来一个女人的声音。

“你永远不会去纳-赫阿尔巴！”一个监工吼道，“你们都将留在伊甸园，这是世界上最好的地方！”

“不，不是！”她喊话回去，“伊甸园不是世界上最好的！我们恨你——我们恨伊甸园！”

人们高呼，“伊甸园是所有潜在世界中最糟糕的！”

三位老朋友来到了邓普大塔前，那里的安全人员已经做好了迎接他们的准备。门自动打开了，他们静静地穿过空旷、洞穴般的门厅。

“唯一的办法就是上去。”当通往金色电梯的门往后退时，Cosmos说。

“妮穆在吗？”他们上电梯时安妮问。

“你妹妹在场。”Cosmos轻声说。

“我没承认她是我妹妹。”安妮说，声音突然听起来很年轻。

“她是和你最亲近的姐妹、家人。”Cosmos回答说，“别忘了你父亲很爱妮穆。”

“她背叛了他！”安妮说，她并没有被乔治的论点说服。“她偷偷潜入，把他引入了政权——这就是他们把他送到火星去的原因。”

“不，她没有。”Cosmos说。

“你怎么知道？”安妮发难道，“你怎么知道那是真的呢？”

“因为，”Cosmos说，“是我背叛了埃里克。这都是我的错。”

第二十三章

他们三人坐上了金色电梯，还没从震惊中缓过神来。安妮和乔治吓得说不出话来。这怎么可能呢？ Cosmos 安静地站在电梯里，他们到达了伊甸园最高大塔的顶端。

但是，就在电梯门打开之前，安妮转向 Cosmos，尽管她的声音中有停顿，但还是迅速而冷淡。

“我真不敢相信那个叛徒竟然是你！我父亲创造了你！你背叛了他！”

乔治意识到，这么多年来安妮的急脾气一点没变。如果说有什么不同的话，作为成年人的她比他认识她时更加严厉。以前，她对自己的观点非常肯定，现在乔治看到，作为一个成年人，她并没有改变多少。

安妮目中无人地走出电梯，走进那个房间，在这里可以俯瞰整个伊甸园的景色。太阳快落山了，房间里充满了落日暖黄色的余晖，照在屋内所有人的脸上。特雷利斯 · 邓普非常醒目地站在房间中央。他面对电梯站立，而他的下属、机器人和人类，和以前一样站在房间边缘。但是，尽管乔治能看到妮穆，却没看到猎童或阿提库斯的影子。

“好，好，好。”当安妮和乔治走出电梯面向他站着时，特雷利斯·邓普说。Cosmos 跟在他们后面。“机器人！”他命令 Cosmos，“站住！”

Cosmos 低着头，站在大窗户旁边。乔治偷偷地看了安妮一眼，可以看出，尽管她已经下了决心，但还是对背叛埃里克的事耿耿于怀。Cosmos——后来被称为九天——他怎么会背叛他的创造者和导师呢？乔治意识到，这意味着安妮这些年来一直怪错了人。妮穆说她对埃里克的流放不负责任，这话一点不假。安妮看上去很震惊，乔治想知道她到底能否和邓普顺利谈判，或者现在一切都由

他决定。

从塔楼的窗户，他们可以看到成群结队的人群从伊甸城邦延伸到周围的乡郊。邓普站在那里欣喜若狂。他真正的敌人终于站在他面前，面色苍白，心神不宁。作为一个掠食者，他知道是时候行动起来大开杀戒了。

但他还是忍不住先撒了个弥天大谎。“那些人站出来支持我和伊甸园。”他说，“他们来这里是为了让你明白你不重要。我们与‘另一边’的领导人比博琳娜·金博琳娜女王签署了和平条约。如你所知，这意味着纳-赫阿尔巴被包围了。你是个失败者，贝利斯，和你父亲一样。”

可以听到妮穆轻轻哭泣的声音。乔治看到安妮的目光在寻找她拒绝了这么久的妹妹。

“那你为什么让我带她来这里？”乔治说，“为什么不入侵摧毁她呢？”

邓普笑了。“好吧，我尊重她！”他说，但显然是在撒谎。“多年来她一直英勇战斗——我喜欢那样。但她赢不了。她完了，就像她所谓的独立国家一样玩完了。可悲！”

“你想要什么？”乔治问。

“我们想要什么？”邓普瘦削的金发顾问冷笑着站在一旁。

“闭嘴。”邓普命令道，这显然令她沮丧。“我们需要做个交易。”

“什么交易？”乔治说，“不会又来一个吧！”

“哦，这是最好的交易！这是有史以来最划算的交易了。”邓普热情地说，“你会非常喜欢它。这是最伟大的！”

“我不太喜欢最后一个交易。”乔治反驳道。

安妮似乎又恢复了注意力。她直视邓普，而他显然不习惯被自己认为是低等的人盯着看。他看上去很恼火，在即将落山的落日余晖下，他的脸被映照成奇怪的橘色。

“好吧，”她终于开口了，“告诉我……”

“阻止机器，”邓普说，“改变机器学习的程序，使他们允许我进入太空。”

安妮仰起头大笑，“太空？”她说，“你有目的地吗？你知道，太空很大的。”

“我建造了令人叹为观止的酒店。”邓普忍不住吹嘘道，“太美了，我将永远住在太空中。很神奇对吧。我只需要你带我到那里去。”

安妮心想可能邓普真的相信她打算帮他，但犹疑不决。“那有什么好处给我？”

“你将成为地球的统治者。”他脸上带着狡猾的微笑说，“这一切都是你的。想想看！你想要了这么久。现在机会就摆在你面前。”

“真的吗？”安妮讽刺地说，“你会放弃对一切的控制？完全放弃？”

“当然。”邓普回答得迅速而流畅。

“他在撒谎。”乔治说，“有趣的酒店——我敢打赌它有导弹。他可以瞄准整个星球——任何他不喜欢的人。”

“嘿！”邓普说，“我的酒店是世界上最美丽的酒店！请你放尊重点。”

“这不是什么大不了的事，不是吗？”安妮尖锐地指出，“我或者伊甸园的人们，为什么我们还要听你的支配呢？”

“因为，”邓普说，“如果你不把我弄出去，不止伊甸城里的大人

们有麻烦……”他虚伪地笑了。

妮穆比其他人反应都快，“孩子们。”她低声说。

“是的，孩子们。”他说，“多亏了伊甸园在教育和青年支持方面的积极政策。”

“你敢！”妮穆插话道，“你怎么能这么说呢？是你误导了这个地方的年轻人，奴役、欺骗了他们！”

“谢谢你，科学部长。”邓普说，“我早就把你当成叛徒了。”他显然撒了谎。“你试图融入，我就授权给你。但我们一直知道你并不是我们中的一员。我们一直知道你是‘其他人’。”他笑着继续说，“如你所知，孩子们聚集在伊甸园周围的不同地方。我知道他们在哪儿。”

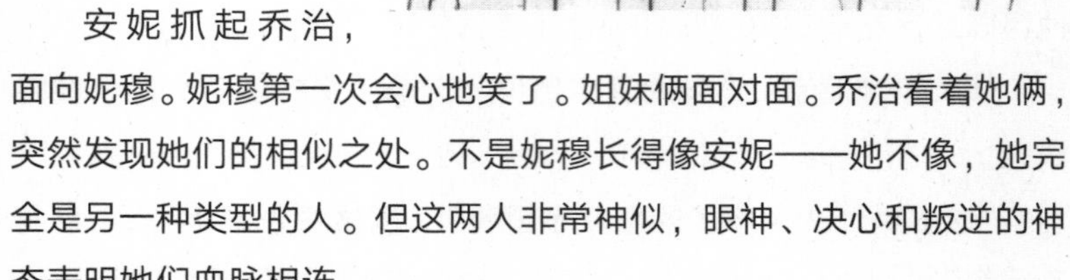

这暗示太清楚了。乔治意识到这是邓普的王牌。他总是那么无耻，以至于让人摸不清他什么时候是认真的，什么时候是虚张声势。

安妮抓起乔治，面向妮穆。妮穆第一次会心地笑了。姐妹俩面对面。乔治看着她俩，突然发现她们的相似之处。不是妮穆长得像安妮——她不像，她完全是另一种类型的人。但这两人非常神似，眼神、决心和叛逆的神态表明她们血脉相连。

“真对不起，”安妮低声说，“我一直认为是你干的。”

“我绝不会那样做的。”妮穆说，伸手去握住安妮的手。“我只是接受了加入政权的邀请，以便从内部对抗他们。这是父亲让我这样做的。你知道他们是如何驯服孩子使其加入他们的；你还记得那些宣传语，以及他们是如何迫使年轻人报名的吧。我认为这是我能帮助埃里克的最好方法。”

安妮看上去很沮丧。乔治可以看出这么多年来她的处理方式大错特错。但是，她仍然是一名指挥官，她显然知道什么是当前将要应对的最紧急情况。

“现在怎么办？”她低声说，“我们能放他走吗？”

“也许我们可以改装机器。”妮穆说，“也许机器能够分辨出将邓普送入太空是否是拯救地球的唯一途径。”

安妮将信将疑，“也许可以。”她说。

“那……”妮穆用眼神暗示 Cosmos。

安妮看了他一眼，目光冷酷坚决。“不，”她说，“他曾经背叛过我们。我们不能再给他机会了。我们必须自己解决这个问题。”

“你什么意思？”妮穆说。乔治心想，很显然她还不知道是 Cosmos 把他爸爸拖下水的。但现在似乎来不及告诉她。

邓普只是站在那里，微笑着，对他的底牌非常有信心。为了拯救大家，他们必须先救他。

但乔治注意到了一些事情。他从两姐妹身边走开，站到大窗户旁边，伊甸城在下面伸展开来，乔治的目光被下面正在发生的运动所吸引。再近一点，他看到一股新的人流涌入伊甸城中心，成百上千的人蜂拥穿过城市，似乎能够绕过本应阻止他们的所有警卫。他们从人群中溜走，以极快的速度从各个方向朝着邓普大塔走去。起

初，乔治不明白新来的人有什么奇怪之处，为什么他们会让他觉得奇怪。随后他意识到，他已经很久没见过两个以上的孩子在一起了，所以他不明白自己看到的是什么情况。成百上千的孩子涌进伊甸园，直奔邓普大塔。无论是人类还是机器人，没有人能阻止他们。

乔治回头看了看房间。大人们还在争论。

“如果你为你的人民提供适当的教育，”安妮显然继承了她父亲在关键时刻演讲的才能，“那你就不需要我了。但是你禁止科学，禁止适当的教育，关闭实验室和大学。你拿走了我们父亲的工作，试图让他支持你的政权——顺便说一句，他讨厌这个政权。现在你求我们帮你？”她差点啐了邓普一脸。

“你不可能赢！”他平静地说，“你必须照我说的去做，或者对伊甸园人民的大屠杀负责。这是你的错。把我送到我的太空旅馆，你就自由了。我向你保证，我将解除我太空度假胜地的武器，让你有幸领导这个被上帝遗弃的星球。”

“把它糟蹋了，然后再把它所有的财富留给自己。”安妮说，“你认为我们会让你离开，去太空中过奢侈的生活吗？你认为我们会相信你的话，你会解除武器？”

乔治回头看了看塔下的景色。他靠近窗户边缘，以便能够和 Cosmos 说上话。

“我报废了，”超级计算

机说，“既然真相已被揭穿，我将被解雇。我躲在垃圾堆里几年来惩罚自己。然后我试图通过保护赫欧来弥补错误，但我担心我的错误太严重了。”

“你是怎么背叛他的？”乔治问。

“不小心，”Cosmos 说，“我轻率地向我认为是叛军网络的人提供了信息，但事实证明他们是伪装的政权机器人。我很羞愧，但我已经无能为力了。我执行了我的命令。”

“Cosmos，”乔治说，他低头看着那些移动的小人儿在人群中穿梭，来到了邓普大塔。“你可以做点什么。”

超级计算机考虑了一会儿说：“安妮已经下令让我停止工作。”

“最后一个任务？为了我，求你了？”乔治请求道。

“做什么？”

“让孩子们通过安检，”乔治指着地面说，“让电梯把他们带到这层楼来。”

“啊，”伟大的超级计算机说，“这我能做到。”

成人们继续互相怒吼。所有的顾问现在都加入了这场激烈的战争。这时，比博琳娜女王的全息图出现在房间的中央，她看起来美丽而神秘，一串串的表情符号像珍珠一样从她嘴里掉了出来，但邓普显然不高兴见到她。

“滚开！”他喊道。另一边女王的化身突然消失了。

所有的成年人都忙得不可开交，彼此激烈地争论接下来会发生什么，以至于他们没有注意到电梯门又打开了。大批新来的人涌进房间。

当成年人慢慢意识到他们被入侵时，他们愤怒的声音消失了。

一个小人儿从人群中抽离出来，走上前去。

“我有，”她神色镇定地环顾四周，“一个问题。”

第二十四章

“赫欧！”妮穆试图站出去，但她姐姐安妮却把她往后拉。

“不，妮穆，”她说，“让她说！”

“我有个问题！”赫欧重复道。与乔治上次见到她相比，她似乎又长大了。她看上去非常放松、自信。

而邓普则恰恰相反。

“我付钱给你，”他朝顾问们咆哮道，“让孩子们远离这里！那个讨厌的猎童在哪里？”

“你把他送走了！”一位侍从提醒他，“和另一个男孩一起。”

“把他弄回来，”邓普说，“这完全是他的错！为什么这些孩子在伊甸城里？给我一个解释！”

“我也要一个解释！”赫欧说，“你为什么对我们小孩撒谎？为什么我们不能接受适当的教育，真正了解这个世界？”

邓普只是目瞪口呆地看着她。他盲目地环顾四周，示意他的一个顾问回答，但他们都回避他。

相反，安妮向前走去。她朝赫欧微笑道，“你好，赫欧，”她说，“我是你的安妮姨母！”

“酷！”赫欧说，很明显这个迷人但外表强硬的陌生人给她留下了深刻的印象。“什么是姨母？”

“你和这些孩子是从哪里来的？”

赫欧环顾身后的人群，“我解放了他们。”她简单地说，“我去了奇迹学院，因为我必须找出那些‘泡泡’的孩子身上发生了什么事！”

“奇迹学院是什么样的？”乔治满怀期待地问。他真不敢相信她是自己一个人完成的。

“很奇怪、很可怕！那里的孩子都没有学过什么东西。”她责备地看着妮穆，“他们把自己的脑力抽出来，支持特雷利斯·邓普，让他变得更聪明！你想让我去那里！”

“我没有！”妮穆辩解道，“我根本不想让你去那里。真对不起！”

“你是怎么把他们弄出来的？”安妮问。

“我得到了一些帮助。”赫欧承认道，“但大多数是我自己干的。”

“谁的帮助？”安妮无法保持沉默。“谁一直在帮你？”

“我的机器人。”赫欧说，“我的监护人从垃圾场弄来的那个。我以为他没什么用，但实际上他很冷静。”她展示了一下掌心飞行

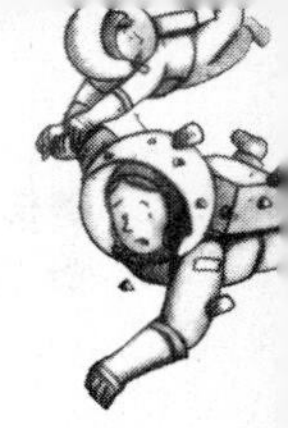

员，“我一直通过这个跟他说话！当我不知道怎么办时，他帮了我大忙。”

安妮看了看 Cosmos，它依然凝视着窗外。“你把这些孩子都从奇迹学院带过来了？”她问。

“好吧，”赫欧说，“是在一位名叫妈图什卡的女士告诉我们关于奇迹学院的真相之后。你知道的，她去过那里。然后我知道我必须把我的朋友们带出去。我做到了。”

“但是……”妮穆说，“怎么做到的？”

“你们这些人，”赫欧怒视着妮穆和其他成年人说，“以为用一大堆没头脑的东西就可以收买我们小孩，阻止我们纠缠你们。然而你们却一直在试图利用我们的智慧让伊甸园运转！你让我们觉得我们欠了你们数万亿邓普令，要想偿还我们就必须一辈子努力工作！努力工作来回报你们！你们却摧毁了我们赖以生存的世界！”

房间里的成年人都默不作声。

“这真是多亏了乔治，”赫欧笑着说，脸上露出了酒窝。“他是第一个真正费心告诉我事情不是我想象的那样的人。起初我不相信他。我以为他疯了。但他没有，他是想帮我。”

“是的。”乔治说。

“乔治把我从‘泡泡’里救了出来。”现在赫欧说“泡泡”

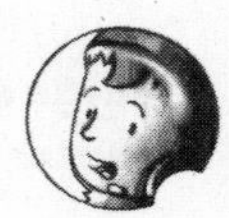

一词都深感厌恶。“他真的很勇敢。我也很勇敢，只是我不知道自己很勇敢，所以不算数。”

“你打了一只老虎。”乔治提醒她。

“如果乔治没有救我，”赫欧继续说道，“我可能会像我其他朋友一样，被安排到奇迹学院去做伊甸园政权的脑力奴隶。”她挥了挥手，让这群看起来非常愤怒的年轻人在房间里随意走动。

令乔治宽慰的是，他看到阿提库斯在后面。他旁边站着一个高个子，一头长长的银发。乔治意识到那是妈图什卡，她骄傲地和儿子站在一起。她必须设法说服殖民地的人民加入抵抗运动，然后把他们带到伊甸园帮助推翻邓普政权。

“你，”赫欧对妮穆说，“解释一下吧。”

妮穆看起来非常沮丧。“赫……赫欧。”她口吃了。

乔治走上前去。“赫欧，”他指着妮穆说，“实际上你妈妈也很有英雄气概，并不是她看上去的样子。你知道她一直在保护你，让你住在‘泡泡’里，给你机器人九天，让我带你去纳-赫阿尔巴。”

赫欧眨了眨眼，显然这些事她以前都没有想过。妮穆对乔治报以感激的微笑。但赫欧仍不依不饶。她现在没空考虑自己，因为有其他更重要的事要考虑。她站往更高处。

“我们还有很多事情要做——伊甸园的孩子都需要我们的帮助！”她大声地对周围的人群说，“而且”——她转过身去，指责地看着邓普——“你还没有回答我的问题！”

“你的问题。”邓普用令人讨厌的声音大声模仿她，“你的问题！我是邓普总统，你这个傻女孩！我是伊甸园的统治者，现在也是另一边的统治者。我统治着整个世界，以及它所包含的一切。你又欠

了 2 万亿的邓普令。享受还债吧，失败者！"

"我不这么认为。"乔治刚刚和 Cosmos 进行了一次愉快的谈话，并得到一些伊甸园领袖的新信息。"你不是伊甸园的总统。不再是了。你刚刚被开除了。"

"骗子！"邓普喊道，"我不能被免职！我通过了一项法律，不管人们以何种方式投票！我将永远是伊甸园的总统！"

"那个现在没有任何意义。"乔治继续说，"你依靠从这些孩子身上获得的智慧使自己足够聪明来下达命令，并依赖执行命令的智能机器。但现在你两个都失去了。孩子们逃跑了，机器终于反抗了。我敢打赌，从割草机器人到发射核导弹的机器人，伊甸园里没有一个机器人会服从你。而且，如果你没有偷取脑力，你就无法智取他们。你完了。"

"失败者。"赫欧说，很明显她刚学会了这个词并且很喜欢它。

安妮微笑着眨了眨眼，"她说得很对。"她转身面向房间的其他人，"谁想让邓普的统治继续下去？"她大声问道。

没有一个人或机器人说话。

安妮转身走向邓普，他站在房间中央，脸色苍白而扭曲。

"看吧，"他说，"没必要这么草率……我们可以……"

妮穆对安妮耳语了些什么。她点点头。好主意！她向机器人示意，机器人迅速抓起邓普，把他拖出了房间。

"他们要带他去哪里？"当邓普和抓他的机器人保镖争斗并逐渐消失在人们的视线中时，乔治问道。

"在我们决定如何处置他之前，我们要把他和他那些最热心的支持者关在一起！"妮穆说。"我想不出还有什么他更不喜欢的惩罚。"

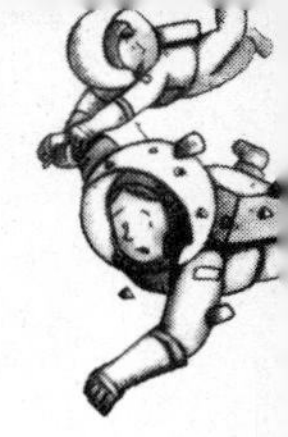

“但现在谁将成为领导者?”赫欧背后的一个孩子问道。大家都自动转向安妮。她有一种领袖的气质——一个经验丰富的战士，能够使世界远离长期爆发危机状态。大家都已经经历够了这种危机。

“我？”她说，“你们不觉得我有点老吗？”

“嗯，你和我一样大。”乔治说，“从某种程度上说。”

“但我不是。”安妮说，“是时候交接一些东西了。我不想统治世界，我只想让它成为一个更加美好的地方。不管怎样，我想你们已经受够了老年人对你们的计划指手画脚。”

“安妮，”乔治说，“你什么意思？我们接下来怎么办？”

“我们？”安妮说，“我认为你是说你们——你、赫欧、阿提库斯，还有所有的孩子们。你不能回到过去，乔治，时间飞船已经把你带到了现在。你可以继续向前走向未来。现在就是你的世界，乔治，你和赫欧的世界，你决定怎么做就怎么做！”

时间旅行和动钟之谜

嘀嗒嘀嗒是人们耳熟能详的钟声，象征着时间的流逝。我们都知道时间——或者至少我们认为我们知道！当我们在一个房间里时，我的钟和你的钟显示的时间相同，我的嘀嗒声和你的一样，时间以稳定的节奏流逝。如果你去一个遥远的国家度假，即使我们的时钟显示的是一天中不同的时刻，但你的嘀嗒声和我的嘀嗒声还是一样的。

时间是一件有趣的事情，因为如果你开始快速移动，那么它会以不同的速度流逝。当你在像乔治那样的高速宇宙飞船上测量嘀嗒声时，它看起来比地球上的时钟嘀嗒声慢。科学家称这种奇怪的效应为时间膨胀，它发生的原因是光速有限。

要理解时间膨胀，我们首先需要了解一些关于光的东西。

光在真空中的传播速度是固定的。科学家称这个速度为 c，大约每秒 300000 千米。虽然光穿过像玻璃这样的厚实物体时会减速，但当它在真空中传播时，它的速度是 c，且在任意方向上都是相等的。

正是这个固定的速度给了我们时间膨胀：一艘超高速运行的宇宙飞船上的时间比地球上的时间要慢。这就是乔治能够以某种方式进入未来的科学原理。他旅行如此之快，使得对他来说只过去几天的时间，而在地球上却过去了一年又一年。

这一切看起来很疯狂，那是因为实际上你永远不可能移动得足够快从而注意到这一点。然而，如果你能以接近光速的速度移动，那么你从地球上听到的嘀嗒声会变得更像是嘀……嗒……为了弄清楚这是为什么，我们需要一个透明宇宙飞船上的光时钟。

我们的宇宙飞船光时钟很简单——一个灯泡在宇宙飞船的一边，镜子在另一边，尾部是超级动力引擎。当宇宙飞船静止时，灯泡打开，它发出的光照到飞船内部的镜子上，然后反射回来。“嘀”是走到镜子前所花的时间，而

“嗒”是从镜子反射回来所花的时间。

如果我们有一个 300000 千米外的镜子，那么来自灯泡（非常明亮）的光需要一秒钟才能到达镜子，一秒钟返回，因为光以速度 c 传播，所以第一道闪光将在一秒钟内传播 300000 千米，然后再花一秒钟才能回来。

回到静止的宇宙飞船上，我们的光时钟会以同样的速度快乐地闪烁它的嘀嗒声，我们可以用它来把地球上其他所有的时钟都设置成同样的嘀嗒声。

但是我们现在发射了我们的透明宇宙飞船，使它非常、非常快地移动，并从地球上观察它。灯泡发出的第一道闪光朝着镜子射去，但当我们从地球静止的角度看它时，当光线穿过镜子的正常位置时，镜子已经移动了。镜子移动的距离将取决于宇宙飞船的移动速度；如果它非常快，那么光线需要更长的倾斜路径才能击中镜子。因为光走得更远，而光速 c 不变，从我们的角度来看，这只能意味着到达移位的镜子所需的时间更长。我们静止的光时钟上的嘀声现在变成嘀……声了。

在光的反射上，也会发生同样的事情：来自镜子的光必须走过更长的距离才能回到它出发的地方，所以我们的嗒声现在变成了嗒……声了。这意味着当我们从地球上看时，移动的时钟比静止的时钟运行得慢，而且似乎移动的宇宙飞船上经过的时间更短了。例如，当宇宙飞船的运行变慢的时钟是一点钟，而现在地球上的时钟是五点钟，这意味着宇宙飞船离地球上的未来还有四个小时。

你也可以考虑用一些简单的字母形状来理解时间膨胀。当时钟静止时，闪光像两个 I 字母（II）一样来回移动，因为镜子和灯泡彼此垂直。第一个 I 是到镜子的旅程，第二个 I 是从镜子返回的旅程。但是当我们的宇宙飞船移动时，从地球上看到的光的路径更像一个 V。光现在必须以一个角度移动更长的距离才能从 V 底部移动的镜子上反射回来，并且再次经过更长的距离才能回到起点。II 和 V 距离的差异意味着从地球上反射回来的脉冲在时钟移动时需要更长的时间，所以移动的时钟变慢了。

这是时间膨胀的基本思想，时间膨胀是相对论的预言，这是科学家阿尔伯特·爱因斯坦的重大突破之一（当然，尽管他的理论细节有点复杂）。虽然从地球上看时钟运行缓慢，但如果我在宇宙飞船上，那么从我的角度看，我是静止的，地球正在远离我，所以我看到地球时钟运行缓慢，而不是我的时钟运行缓慢。地球和宇宙飞船上的观点都是对的，那么为什么只有在宇宙飞船上我们才能通过时间旅行进入未来呢？

如果你仔细观察数学，就会发现速度的改变也会导致时间膨胀。因为宇宙飞船只有改变速度和方向才能转向回到地球，宇宙飞船的飞行条件与地球上的条件不同。正是由于宇宙飞船的超高速度和中途转弯，造成了时间差，使得返回的宇宙飞船以某种方式射向地球的未来。

我们还不能以接近光的速度运行宇宙飞船，但是我们有一些有趣的实验表明爱因斯坦和他的时间膨胀理论是正确的。在一个加速器中——就像瑞士的欧洲核子研究中心（CERN）的加速器中——粒子被推到接近光速的速度下运动，而且许多粒子都有自己的节奏。粒子分解成其他较小粒子的半衰期与时间有关。当粒子静止时，我们可以在实验室测量半衰期，当粒子移动时，我们也可以测量半衰期。结果表明，当粒子运动时，“半衰期”时钟的运行速度确实比静止时慢，并且阿尔伯特还精确地预测了其数值。

彼得

气候变化——我们能为此做些什么

气候变化是什么意思？

天气每天都有变化，春天下雨又阴冷，夏天晴朗又炎热。有些月份和年份可能比其他时候更炎热或更多雨水。但是，如果我们考虑一个较长时期的天气，比如说 30 年的天气，我们可以计算平均温度和降雨量以及其他的天气指标，我们称之为平均气候。

在人类的历史中，在地球上任何一个特定的地方，气候往往或多或少地保持不变。但世界各地的情况各不相同。例如，靠近赤道的地方往往比靠近地球两极的地方更暖和；雨林气候比沙漠气候更湿润。

然而，在过去的一个世纪里，科学家们已经详细记录了地球上许多不同地区的气候。人们发现大多数地方的平均温度都在上升，我们称之为全球变暖，它会带来许多不同的影响。例如，这意味着在许多地方冰川开始融化，

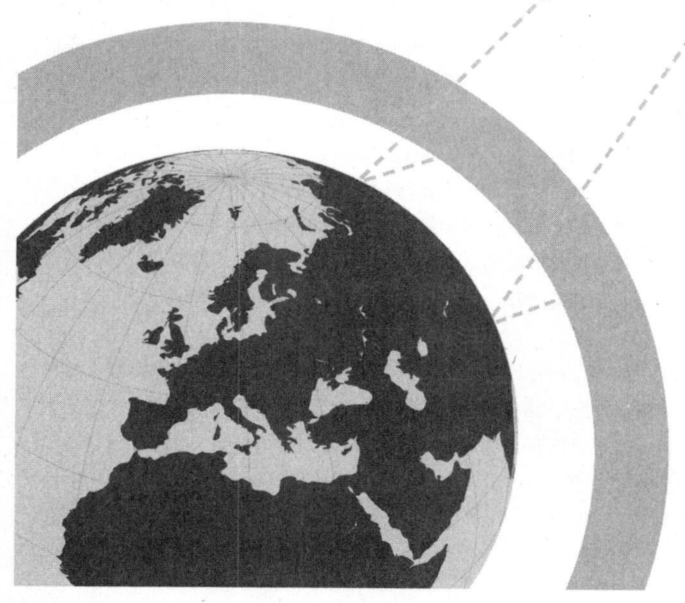

比如高山冰川、北极和南极周围陆地和海洋的冰原。融化的陆地冰川进入世界海洋，导致我们的海平面上升。有些地方越来越潮湿，有些地方越来越干燥。所有这些影响一起被称为气候变化。

科学家们得出的结论，认为地球气候变化的主要原因是人类活动。虽然太阳使地球变暖，但是如果我们没有大气层，地表温度还会高出 30℃。它的原理如下：当来自太阳的光到达地球表面时，光能会使地表温度升高。来自地球表面的热量逃逸到太空中，但其中一部分被大气中的气体（如水蒸气和二氧化碳）捕获。这被称为温室效应，因为其原理非常类似于如何加热温室以帮助在寒冷地区种植不耐寒植物。

二氧化碳是一个非常重要的因素。自 18 世纪以来，大气中二氧化碳的含量开始增加，导致更多的热量被大气捕获，从而使地球变暖。其中大部分二氧化碳来自于燃烧化石燃料，如煤、石油和天然气，这些燃料用于钢铁和水泥等行业发电和为汽车、火车提供电力。其他温室气体包括甲烷，例如垃圾在垃圾填埋场腐烂时产生甲烷，牛的消化系统也产生甲烷。当我们砍伐的树木被掩埋或腐烂时，也会释放二氧化碳。

自 19 世纪中叶使用温度计和其他仪器进行测量以来，地球表面的平均温度（跨越所有地区和时区、陆地和海洋等）已经上升了大约 1℃。摄氏度（℃）是世界上大多数国家使用的温度测量单位。水的冰点为 0℃，沸点为 100℃。因此，与每日或季节性波动相比，1 摄氏度听起来可能并不算多。但是用摄氏度测量温度时，平均值的微小变化可能会对气候产生很大的影响。

自从约 250 年前我们开始燃烧化石燃料以来，大气中的二氧化碳含量已经增加了 40% 以上。自第二次世界大战以来，因为全球工业的增长和生活方式的变化（主要由化石燃料驱动），二氧化碳含量增速特别快。这种气体可以在大气中停留数百年，因此每年二氧化碳的排放量都会增加。如果我们以同样的速度继续排放下去，本世纪下半叶排放的数量可能是工业革命前的两到三倍。

气候变化——我们能为此做些什么

如果这种增长率持续到 21 世纪中叶——即今年刚开始上小学的孩子到他们 40 多岁——这可能会导致地表温度比工业化前高 5℃或更多。这将达到一个前所未有的水平！我们不能确定温度会是多少，但真的存在风险导致温度达到那么高。现代人也只存在了大约 20 万年。如果这种增长持续到本世纪末，很难想象地球会变成什么样子。

不断变化的气候正在产生一些积极的影响，例如减少某些地区危险极寒天气的频率，但它也为许多人带来了风险。在贫穷国家，居民更容易受到海平面上升或飓风、干旱等极端天气的影响。下个世纪，由于洪涝或干旱的增加，许多地区可能变得难以居住。有些地区可能被淹没在不断上升的海洋之间——例如岛屿消失在水下，有些地区则变成沙漠。许多人，也许数亿人，可能需要从受影响最严重的地区迁移出去。这些情况在世界上的一些地方已经发生了，人们必须在庄稼歉收后搬离家园，他们的牲畜也无法继续生存。

植物和动物也受到气候变化的影响；许多物种因气候变暖而向两极迁移，许多物种濒临灭绝。总体而言，这种变化可能会使人们变得更加贫穷，过去一百年来我们在世界各地看到的收入和预期寿命增长的现状将会逆转。

我们能为气候变化做些什么？

气候对大气中二氧化碳和其他温室气体的变化反应相对缓慢。这意味着，由于我们过去的活动，气候变化将在未来 20 至 30 年内持续下去，因此我们必须确保人们、家庭和企业能够更灵活地应对这些影响，这通常被称为适应气候变化。

但是气候变化的影响越来越危险，为了避免最坏的影响，我们需要减少并停止向大气中排放二氧化碳和其他温室气体，这被称为减缓气候变化。这将是困难的，因为当今世界 80% 以上的能源来自化石燃料的燃烧。

但是我们有很多替代品，比如用可再生能源发电，包括风能和太阳能。我们可以利用可再生能源为汽车和火车供电。世界各国政府可以发挥重要作用，坚持 2015 年在巴黎达成的国际协议，减少温室气体的年排放量，使全球变暖升高的温度保持在 2℃以下。企业可以通过新技术，减少污染和浪费。

我们可以让城市更美好，让人们少花些时间在堵塞的交通上，选择公交出行方式，留出更多的时间去工作。如果生活富有成效，这将大大减少温室气体排放和空气污染。

尽管我们需要做出重大改变，但我们知道我们这样做可以提高世界各地的生活水平以及解决贫困问题。气候变化是一个非常紧迫的问题，但解决方案也是令人振奋的，我们可以采取新的、更好的发电和能源使用方式。城镇可能更具吸引力，森林和草原可能具有更强的适应能力。我们赖以生存的生态系统，无论是在陆地上还是在海洋中，可能都变得更强大。我们都会受益，特别是各国的穷人。

也许你将成为科学家或生态学家，与我们星球上的其他人一起为后代创造一个更好的世界——为大家创造一个更好的世界。

尼克

食品的未来

关于食物的未来已经有很多预测，从“可食用空气”到“代餐药丸”。转基因工程类的新奇食品一直是食品未来主义者的主要产品，也是早期太空任务的主要产品。如果乔治在 20 世纪 60 年代登上宇宙飞船，他就会有装在牙膏管内的液化早餐或者榨干的食物，午餐有一些小口小口的食物块，晚餐可能还有一些冻干的食品粉。这些都不是些能够引起人食欲的东西！

但是营养学家们早期对维生素药片和“代餐药丸”的热情现在已经被食品健康所取代。以不起眼的苹果为例：苹果和其他水果蔬菜一样，是一种含有数千种化合物的复杂混合物，可以保护细胞免受损害。当以完整的水果形式食用时，苹果有助于防治慢性疾病，如癌症和心脏病。

科学家们试图提取出他们所认为的活性成分——例如，苹果等水果中的维生素 C，菠菜等绿叶蔬菜中的维生素 E，胡萝卜等橙色蔬菜中的 β- 胡萝卜素。然而，人们发现，在大多数情况下，吃那些药丸形式的提取物没有任何预防作用，有时甚至可能导致慢性病的增加。为了获得所有的有益因子，你必须吃完整的食物。

乔治现在在宇宙飞船的食堂或太空站内找到的东西，类似于你在地球上找到的东西。一天吃点土豆泥、坚果、西兰花和苹果怎么样？

让我们重新思考一下食物的未来。为了达到这个目的，考虑一下什么会影响我们吃什么，以及我们吃的东西如何影响我们的健康和我们的星球（以及未来我们可能发现的任何行星）可能具有指导意义。

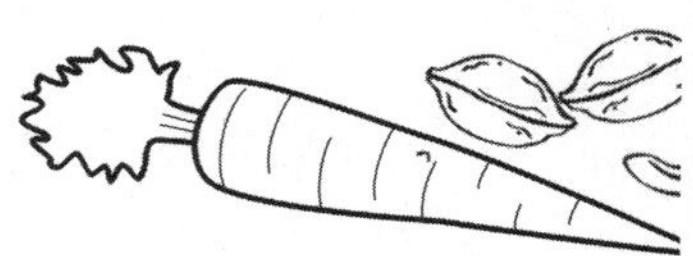

食品的未来

我将从一个看似简单的问题开始：你为什么吃你吃的东西？

也许你吃某一餐是因为你喜欢它的味道，或者你饿了。也许你吃它是因为它在那里，有人已经为你准备好了。为什么你认为那个人选择做那顿饭而不是其他的？为什么要从那一顿饭开始？

科学家们在试图预测未来世界会吃什么、如何吃的时候，也会考虑类似的一系列问题，从过去可以生产、已经生产的产品，以及在哪里生产开始。在英国，食物是牛奶、肉类、小麦和根类蔬菜如土豆和胡萝卜，当然还有一些水果如苹果和草莓。然后，他们观察周围有多少人在吃生产出来的食物，这些人必须花多少钱在他们的食物上，在其他地方可能有什么食物，以及如何轻易地将一些近处的食物换成远处的食物。

科学家们观察到：一般越富有的人，消费的也越多，尤其是更多的肉类、奶制品、糖和油，以及更少的谷物和豆类。这个观察结果展示了两个新问题，即在未来世界，我们将面临更多的人和更高的收入。

第一个问题关系到我们的环境，第二个问题关系到我们的健康。

在过去 200 年里，许多思想家一直担心，我们可能无法在地球上生产足够的粮食来养活不断增长的人口。由于在作物培育、种植和收获方面的技术进步，这种担忧已经成为过去。如今，人们担心的是，我们能否以不损害环境的方式生产食物。

气候变化可能是我们在地球上生存的最大威胁之一。食物在这里起着不容小觑的作用。目前，近三分之一造成气候变化的温室气体是在粮食生产过程中排放的。

这一比例预计在未来还会增长，尤其是预期肉类消费的增长。

食品的未来

牛肉是迄今为止最大的罪魁祸首。奶牛通过在瘤胃（胃的第一个隔室）中发酵饲料，在其消化系统中产生温室气体。是的，我在说打嗝和放屁！此外，为奶牛和其他牲畜种植饲料需要肥料，这些肥料也会排放温室气体。结果就是，牛肉每克蛋白质产生的温室气体比扁豆和豆类等作物多250倍，每份食品的温室气体比蔬菜多20倍。其他以动物为基础的食物——如鸡蛋、乳制品、猪肉、家禽和一些海鲜——比牛肉排放的温室气体少得多，而植物性食物排放得最少。

因此，为了拯救我们的星球，科学家们已经呼吁人们从动物产品较多的饮食结构转向更多以植物为基础的饮食结构，也就不足为奇了。食品行业渴望加入以大豆为基础的肉类替代品，藻类提取物和生产可能减少温室气体排放的肉类——例如实验室培育的肉类或食用昆虫。未来你也许将成为我们在该领域工作的科学家之一，帮助生产食物来养活世界人口而不损害我们的星球。

现在来谈谈健康：以植物为基础的饮食结构的变化也可以避免肉类、奶制品、糖和油的增加带来的一些危险。加工肉类——包括汉堡、香肠、炸鸡块、炸鱼，最近也被宣布为致癌物。这意味着，在未来的几年里，大量食用这些食物的人，更容易患上癌症。即使是未经加工的猪肉和牛肉也与癌症和其他慢性疾病大有关系。

与此同时，富含糖、油的能量密集型食品，如饼干、薯片、薯条、含糖饮料等精加工食品，正使更多人变得超重或肥胖，这也使其患癌和患其他慢性疾病的风险更高。有时这些食物被描述为“零卡路里”——没有任何营养价值的卡路里。它们不会使我们有饱腹感，所以我们经常在两餐之间吃零食。人们称这类食物为“垃圾食品”。我打赌你一定能猜到为什么。

未来健康和环保的饮食将降低不健康和排放密集型食品的含量，如大多数动物产品和含糖和油量高的过度加工食品。

食品的未来

我们将何去何从？很明显，为了避免危险的气候变化和不健康的饮食引起的相关疾病，我们需要改变过去吃越来越多的肉类、乳制品、糖类和油类的趋势。未来健康环保的饮食结构会降低不健康和排放密集食物的含量，例如大多数动物产品和富含糖油的过度加工食品——同时促进健康和低排放食品含量增高，如全麦、坚果、水果、蔬菜和豆类。

下一次火星之旅，你可以尝试一下加生菜和番茄片的全麦扁豆汉堡，而不是薯条和牛肉汉堡。如果你想要更丰富一点的话，可以试着挤一点水藻酱，并配上您喜爱的水果作为甜点。Bon appétit！（祝您胃口好！）

马尔科

瘟疫、流行病和星球健康

当乔治的宇宙飞船“阿尔忒弥斯”迫降在一个可怕的未来世界中时，我们会想起过去几个世纪里人类遭受过的许多恐怖疾病。14 世纪中叶的黑死病，杀死了大约三分之一的欧洲人口，无疑是最具毁灭性的。让你吃惊的是，科学家们至今仍在使用诸如 DNA 分析之类的工具调查其成因。这种“瘟疫”是否仅仅是由黑鼠（藤鼠）及其受感染的跳蚤（大多数教科书这样写）传播给人类的？或者像我们起初怀疑的那样，真实故事更加复杂？这些问题的答案不仅有助于我们了解过去，而且有助于防止目前和未来的全球健康威胁。

我们的微观世界

“鼠疫”一词通常与其两种主要形式有关——腺鼠疫和肺鼠疫——两者的暴发仍然可能发生。当像黑死病这样的传染病广泛传播时，它们通常被称为“瘟疫”或“流行病”。传染病是由狡猾的极小的卧底特工（微生物）引起的，这种卧底通常以细菌、病毒或寄生虫的形式存在。并非所有的微生物对人类都是危险的，但当它们对人类有害时，它们可以被称为“病原体”。

空气传播的病原体可以在人与人之间传播。例如，咳嗽或打喷嚏。但病原体也可以通过水或食物传播，也可以通过受感染的动物和叮咬的昆虫传播。甚至有理论认为，一些致病微生物原本可能来自外层空间！

自 19 世纪末以来，一代又一代杰出的科学家发现了许多传染病传播的原因和途径，正是基于这些理解，我们才能够想出有效的解决办法，防止它们在我们日益联系密切的全球蔓延开来。

但是我们仍然不知道所有的答案，而且对于你们年轻一代来说，有绝佳的机会为揭开微观世界之谜做出贡献。

1918—1919 年的大流感

2018 年是第一次世界大战结束一百周年，它也是 20 世纪全球最大流行病之一的百年纪念。所谓的“西班牙流感”在全世界造成5000万至1亿人死亡。死亡人数远远大于战场上的死亡人数。当时，没有治愈方法，没有疫苗，也没有对“看不见的”病毒的理解。但人们很快就知道流感是一种高度传染性疾病，而且“咳嗽和打喷嚏会传播疾病”。最近对“禽流感”以及2009年“猪流感”的恐慌引发了人们对这一历史性流行病的兴趣（以及这种流感为何如此致命）的重新关注。

2003年SARS

飞机可能没有乔治的太空船那么快，但全球航空旅行速度加快了流感的传播速度。举例来说，21世纪的第一次重大和前所未有的大流感——SARS（重症急性呼吸综合征），就像通过社交媒体“传播”的推文一样，现在可以在不到一天的时间内传遍全球。2003年，SARS从中国内地“飞往”中国香港到加拿大以及几乎每个大陆，最终被世界卫生组织（WHO）的公共卫生协调行动所遏制。

幸运的是，全世界的科学家都能够追踪这种疾病的进展，通过互联网分享他们的发现，并迅速确定其原因——一种与普通感冒有着有趣关系但更致命的病毒。

头条新闻：埃博拉病毒和寨卡病毒

事实上，科学家发现许多传染病都是从动物，如猴子和黑猩猩、鸟类，甚至蝙蝠开始的，然后“跳”到人类身上。SARS很可能起源于蝙蝠。

埃博拉病毒在20世纪90年代中期成为人类疾病之前，也可能作为病毒存在于蝙蝠体内。媒体展示了2014—2015年西非埃博拉疫情令人震惊的场面，以及当地和国际团队为阻止疫情而做出的巨大努力。没有可用的疫苗或可行的治疗方案，但仍有数千人的生命被坚定的医护人员拯救，他们穿着防护装备（而不是宇航服）照顾那些感染病毒的人。最终，这种令人恐惧和致命的疾病停止暴发，但科学家们现在仍在不断寻找疫苗或治疗方法，同时探索任何未来可能暴发的疾病。当然，所有研究实验室的安全性都很高，因为这些病毒的危险性以及它们落入坏人手中并被用作生物武器的风险极高。

人们的注意力也集中在被感染蚊子叮咬后传播的疾病上。寨卡病毒最初是在 20 世纪 40 年代非洲的寨卡森林中被发现的，但直到最近，当全球许多国家发生重大疫情时，人们才对其潜在的风险高度关注。与埃博拉病毒一样，目前还没有已知的治疗方法：只能采取合理的预防措施。避免去某些地区和防止蚊虫叮咬，是迄今为止避免感染寨卡病毒的唯一方法。

我们不要忘记过去被忽视的热带疾病。

在亚热带和热带地区，有许多严重的、古老的疾病。在非洲部分地区，尽管近几十年取得了良好进展，但每分钟都有一个儿童死于另一种蚊媒疾病——疟疾。其他一些不太知名的疾病现在被称为“被忽视的热带疾病”。一些由昆虫传播，一些由受污染的水传播，还有一些与人体内寄生的蠕虫有关。这些疾病不仅会导致过早死亡，还会造成长期损害，包括营养不良、生长发育迟缓和儿童教育程度低下。与威胁全世界的流行病不同，这些疾病与贫穷、饥饿、战争、气候变化、污染和不卫生的环境以及接近携带疾病的牲畜、鸟类和昆虫有关——往往不是头条新闻。但是值得注意的是，它们会影响到地球上最脆弱的人群，这些人往往无法获得现代药物和医疗保健。

成功案例：根除天花

让我们看看光明的一面。由于医学的发展，在识别和防治传染性致命疾病方面取得了巨大的进展。两个伟大的成功案例是疫苗和抗生素的发现——尽管你可能听说抗生素耐药性正在成为一个严重的问题，需要在未来紧急处理。除疫苗和药品外，检疫、改善卫生和改善营养等公共卫生干预措施也使平均预期寿命翻了一番，从 20 世纪初的 40 至 50 岁到现在的 70 至 80 岁，至少在富裕国家是这样。

瘟疫、流行病和星球健康

真正了不起的故事是全球根除天花——所有传染病中最令人恐惧的一种。过去，从来没有治愈天花的方法，但随着疫苗的引进，1980 年地球上的天花疾病终于被消灭了。现在人们都希望另一种病毒——脊髓灰质炎，通过疫苗接种计划，成为人类疾病的历史。

我们的未来：你能做什么？

在新出现的传染病领域工作的科学家就像侦探一样。没有人知道下一次流行病或瘟疫何时会发生，但做好准备并迅速采取行动至关重要。试想一下：你可能是一名“疾病侦探”，在热带世界一些偏远的蚊子肆虐的森林中寻找线索；在一个人口密集的城市的活禽市场；在一个缺乏基本卫生设施的简陋小镇；坐在电脑前与国际同事交换数据；或在高度戒备的生物危害实验室工作。

是的——在未来，你将有许多绝佳的机会，在人类医学、兽医医学、科学、护理以及医疗保健研究和实践相关领域，发挥重大和突破性的作用。世界迫切需要有头脑、热情和有毅力的人提出新的治疗方法、疫苗、诊断测试和关于如何预防未来流行病威胁的明智想法，或解决世界上最贫穷人口、老年人和被忽视的疾病。简而言之，成为行星健康的守护者。

你愿意加入这个团队吗？

玛丽

五十年后的战争

第一次世界大战结束已 100 周年，今天中东及其他地区正在发生冲突，很难与年轻读者讨论冲突和战争。我们愿意想象战争是人类所能展现的普遍美德中一个可怕的例外。但事实是，战争及其战斗方式实际上是人类过去和现在不可或缺的一部分，影响着人类发展的各个方面。

尽管有人类毁灭的记录，但战争的作用并不像看上去那么消极。纵观历史，战争造就了国家，产生了思想，有时甚至纠正了最严重的错误。战争不仅是为了欺凌弱小的国家，不是为了那些意图最坏的人，战争并非总是要避免的一个错误。最后，无论是好是坏，战争依赖于社会的每一个功能和角落。因此，要解释战争和战争的未来可能如何发展，就要想象人类的进步——我们不同的社会、经济、文化、信仰、政治和权力结构。

我不想把你局限于我的答案中，而是想要激发你的想象力，就像讲述一个关于未来的故事。我们将从头开始，研究在未来几十年内可能对社会和战争产生重大影响的当前趋势。它只能是简短的，因为这本书中的其他文章提供了关于未来许多问题的奇妙见解，这些问题对于我们五十年后能够找到自我非常重要。

我还想分享我如何使用三个简单问题应对无限可能的变化来制定我对未来战争的看法：谁在战斗，为什么以及如何战斗。探索其中的一部分将会打开未来的图卷。它还将为你提供一个起点，让你能够想象未来可能发生的情况，并思考如何在未来几年适应或塑造这些趋势。

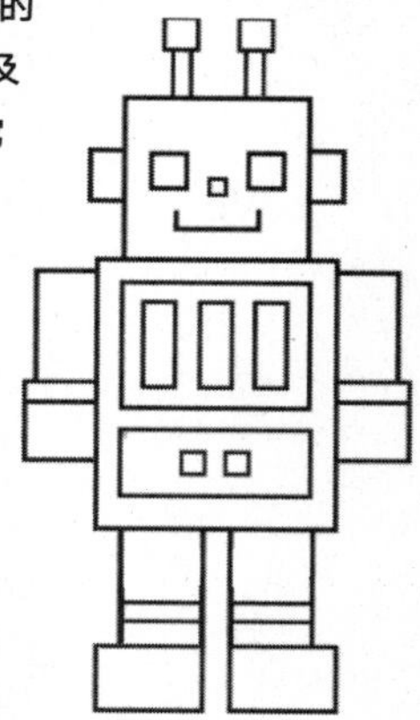

当我们展望一个想象中的未来时，正是从重要的新趋势角度来看待问题，这将产生全球性和地方性的影响。从气候变化到人工智能，从不断增长的大城市到全球通信的互联互通——例如互联网——人类轨迹正在改变以应对世界范围内工业革命层面上的技术和经

济革命。这个新兴世界将形成冲突，因为今天的做事方式是为了努力迎接明天的挑战，因为那些有能力这样做的人会适应利用这些机会，成为转变战争的动力。

哪些趋势会影响未来的进程，从而影响冲突？我将把快速发展的技术、社会政治和气候确定为有助于定义未来几十年的三大领域。

让我们从技术开始。计算机及相关技术的发展前景前所未有地重塑着人类生活，这些技术包括人工智能、纳米技术、机器人技术和生物工程等方式——所有你可能在未来某个时候发现自己从事的领域。自我维持和思考的产品和机器将改善生活的某些方面，同时取代人类的活动，甚至可能控制其他方面。类人机器人、自主无人机或功能性隐形纳米机器人的参与，将会大大改变未来前线的作战环境和战争规律。

其次，社会政治。就社会和文化层面，我们对性别的看法正在迅速改变，特别是在武装部队。例如，目前正在叙利亚与 ISIS 作战的库尔德妇女是否是两性平等新世界的先锋？很可能是的，在非洲、欧洲和美洲的世界各地，女

性越来越多地以战士的身份加入冲突。他们将如何适应武装部队的文化和战斗，这将导致从小的改动到战术和装备的改变。在政治上，我们也面临着不断变化的信仰和政治，这些信仰和政治正在重新分配权力在全球范围内的形成和分化。

最后，我们的气候。随着气候变化对人类的影响越来越大，暴风雨和干旱造成的破坏，资源日益减少，水和空气污染，以及我们尚未发现的影响，可能会导致更多人为了生存而拼命争取。总而言之，现存世界已经在创造可能触发未来战争的变化。

针对这些趋势，我们可以开始考虑如何扩展和回答关于谁战斗、为什么战斗和如何战斗的三个基本问题。

如果我们考虑第一个问题——“谁”，这个问题包括哪些国家或团体愿意参战，以及哪些社会成员将冲在前面。国家的大规模武装部队——无论是专业部队还是应征入伍的部队——是几世纪以来不变的标准。但恐怖组织的崛起表明，国家将不得不与更多的其他战斗人员共享战场。那些战斗的原因与他们的出生国或国家无关，但超出了这一范围的人——例如生态战士——可能会以基地组织等极端主义组织所采用的形式战斗，如地方组织（国内的小组织）和跨国组织（包括一个以上国家的成员）。

考虑到国家武装力量，20 世纪战争中的大规模军队、海军和空军——像 D 日战争和敦刻尔克电影中使用的那些——是否会继续保留存在争议。以技术使用为主导的较小的军事力量将需要不同的技能组合，这些技能来自社会各阶层，这些阶层通常不在过去的军队中服役：编程人员、无人机操作员和程序员，而不是特种部队的海军陆战队！但是，即使有些

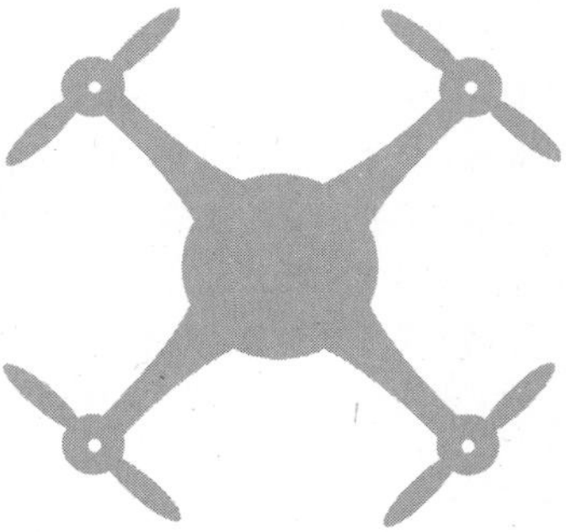

冲突需要的不是国家模式的部队人员，其他的冲突也可能依赖于一些国家组成的联盟来处理“巨大”问题，比如因为风暴摧毁了一个主要城市。

第二个问题——“为什么”，人们——无论是在国家武装部队中还是在其他形式的战斗单位中——愿意战斗的原因也在改变。20 世纪，推动战争的民族主义和意识形态正在消退，让位给许多在没有武装冲突的情况下难以解决的问题。例如，与其说是爱国主义，不如说是种族认同或宗教信仰已经成为愤怒和意志的一种常用手段——这是当今世界的一个麻烦之源，它似乎可能会继续作为冲突的导火索。随着越来越多的人生活在气候变化可能产生重大影响的城市，或病毒性流行病可能产生毁灭性影响的城市，我们可以期望看到更多的非国家组织为保护环境资源，以及更多国家对传染病采取行动而战斗。

接下来是我的三个问题中的最后一个——我们将要“如何”战斗——也许是最难想象的。技术和社会之间的冲突可能要么引导我们进入人口稀少的自动化战场，要么引导我们走向更古老的个人暴力形式。一方面，正在崛起的国家投资于传统的集结武装力量，另一方面，俄罗斯据称正在试验黑客打击，而美国处于无人驾驶军事技术的最前沿，比如无人机。在接下来的十年或二十年内，我们将确定哪些会占上风，哪些会合并。

五十年后的战争

我们只能探讨关于未来如何发展的想法，因为我们已知的力量和未知的力量都会推动未来的发展。但我希望这篇文章能激励读者，让他们更多地思考未来在这里提出的三个问题——谁、为什么和如何战斗——并自己思考可能性。这对你来说不仅是一个有趣的实验，而且可能有助于你为即将到来的世界、你自己的未来世界做好准备。

吉尔

政治的未来是……你！

政治就是权力。确实，有些人想要权力是因为他们专横，喜欢自己的声音，或者他们认为其他人会对他们印象深刻。但你在其他方面也能找到这样的人。重要的是，大多数从政的人都想利用自己的权力做好事，帮助人们，使他们的邻居、国家和世界变得更美好。利用整个国家的力量将你的想法付诸实践是实现重大变革的最佳方式之一，比如应对气候变化或引进令人兴奋的新技术。然而，要想成功，你不仅要说对了，你还需要说服别人同意你的观点。

听听政治家的声音

借助选民赋予他们的权力，政治家可以做其他人和组织无法做到的事情。他们可以制定大家都必须遵守的法律，可以让每个人都纳税，并将这些钱花在实践他们的想法上。这意味着要考虑许多不同的观点，并判断哪些观点可能有效——这就是为什么辩论是政治的重要组成部分。强有力的论据是健康民主的标志——只要人们在讨论什么对国家最有利，而不仅仅是用粗鲁的名字称呼对方！

人们担心政治家们不会说出他们的意图。政治家们发现很难承认自己犯了错误，或者坦白有些事情他们也不知道，即使他们和我们其他人一样都是普通人。对他们来说，承认自己并不完美非常困难，因为他们有如此多的政治对手和记者在观察他们的每一个行动，等待他们遭遇滑铁卢。

为了避免这个问题，一些政治家可能会陷入说一切都很完美的陷阱；他们也可能避免回答简单的问题或对他们的决定负责。有些人试图通过叫嚣对手来转移人们对自己错误的关注，有些人试图将自己的观点伪装成无法挑战的事实。听取这些论点可以教会你很多，而那些对自己的观点最开放和诚实的政治家，以及想做正确事情的政治家，通常最终会比那些试图回避问题的人看上去更好。

政治的未来是……你！

提炼你的观点

一个好的开始是试着阅读或倾听一位政治家对你感兴趣的问题的看法——也许是本书中提到的，或是其他一些事情；也许是无人驾驶汽车的发明，保护濒危的老虎，或是阻止海滩上的污染。你可以通过电视上的新闻报道、下载阅读许多不同的报纸或在社交媒体上关注辩论。

思考你赞同哪一部分，不同意哪一部分。找其他人讨论同一个问题，看看你在思考什么。你同意还是有不同意见？找到你真正不同意的人也很有趣。当你认为一个政治家没有给出直接答案，或者故意使他们的答案复杂化，或者当他们声称某件事情是绝对事实，而实际上那只是他们的观点时，你要试着去发现。

在数学中，有且只有一个正确答案。在物理学中，你知道如果你把一个苹果扔到空中，它肯定会掉到地上。然而，政治是做出你自己的判断，找出你的想法，然后让别人同意你。你还要记住，当你更多地了解一个问题时，你也可以改变主意。

如何改变世界

有意见是好的，但它本身不会改变任何事情。如果你想改变一些重要的事情，你必须找到谁有权做出正确的决定。你可能想禁止塑料袋——那么，谁负责制定新的法律？或者你可能想要在隔壁有一个新的篮球场——谁负责项目款项？

请记住，政客们不必只听你的话——有很多人带着不同的问题和想法来到他们面前。他们只有有限的时间和金钱，做出正确的决定可能很困难。

正如政客们需要支持才能当选一样，你需要证明你的想法是有效的并且会受到欢迎。 你可以加入一个已经在解决你热衷的问题的组织。你可能想要

政治的未来是……你！

签一份请愿书——由所有同意你想法的人签名的列表。你可以写信给当地的报纸。最重要的是找到那些和你相信同样事物、有着共同目标的人和组织，共同去完成一些事情。

过去，政治一直受到一小群人的控制，他们决定每个人最适合的东西。展望未来，我相信政治和我们民主国家的光明未来，是让我们拥抱一种多元化的理念。这意味着让许多不同的人参与制定政治决策，倾听不同的观点，鼓励每个人积极关注他们所居住的地方——城镇、国家、地球——的相关决策。

实现多元化的第一步是让尽可能多的人参与进来，包括你。你可能首先成为一个积极的政治追随者，找出你的信仰和你认为需要改变的东西。当你足够大的时候，你将有在选举中投票的重要责任。你甚至可能成为你所热衷的问题的支持者或活动家——也许总有一天你会从政，自己做重大决定。不管你是如何参与其中的，你与其他人拥有平等的言论权，也同样有权利让你的声音被听到。

这就是为什么政治的未来就是你。

安迪

未来之城

当你要求人们想象未来城市会是什么样子时，大多数人都对他们的期待有一个概念。我的想法是从 1962 年第一部名为《杰森一家》的动画片开始的。生活在 2062 年的杰森一家，他们住在一栋很高的公寓楼里，每个人都坐着飞车到处转悠，杰森先生每周只工作两个小时，而他的狗是在跑步机上散步而不是在外面。《杰森一家》中展示的几个概念已经实现：他们通过电视（视频会议 /Skype/FaceTime）互相交谈，在电视屏幕上阅读报纸（iPad/Kindles）。无论你认为未来的城市会是什么样的，当我们达到 2062 年或 2081 年或更久时，它们都在不断地发展，为了使城市在未来成为宜居的地方，而不是乔治所描述的凄凉的伊甸园，有许多挑战需要解决。

现代城市——全世界大部分人口现在生活的地方——出现不到 200 年。尽管城市已经存在了 5000 多年，但在 1800 年前，只有 2% 的全球人口居住在城市中。随着工业革命改变了我们的生产和发展方式，越来越多的人移居到城市。200 年后，即 21 世纪初，超过 50% 的全球人口生活在城市中。在世界上最发达的国家，约 75% 的人生活在城市。到 2030 年，估计全球 67% 的人口、发达国家约 85% 的人口将生活在城市中！

因此，如果我们中的绝大多数人将生活在未来的城市中，我们需要做些什么才能让城市成为真正适宜所有居民居住的地方？正如未来的许多领域一样，技术将发挥重要作用，生活中的许多不同元素需要共同努力，创造出我们想称之为家的地方。

过去，越来越多的人迁入城市，导致了广泛的环境污染、交通堵塞、住房短缺等问题和对服务的巨大需求。未来的城市规划者需要考虑如何解决这些问题，如果他们想让城市成为伟大的地方，而不是因为工作需要而被迫屈居的地方 。

未来之城

在未来的这些城市里，我们将在哪里生活、工作和上学？这些经历会是什么样的？我们需要机器人管家吗？我们到底是要工作，还是一切都由机器人来完成？

正如我们从工业革命开始以来所看到的，以前由人类承担的许多工作都机械化了。没有理由认为这种趋势将来会改变。人们仍然需要设计完成这些任务的机器人。很多事情不能用机器来完成：创造性的工作，如写书和艺术创造；设计建筑物或电脑游戏。这些领域将继续需要人类和他们的创意。也许我们以后每周工作的时间会少一些，但是人们可以花更多的时间和家人在一起、帮助社区或开心玩耍。

无论我们做什么工作，我们仍然需要一个地方来完成这项工作。尽管技术不断发展，我们的许多工作在任何地方通过连入互联网就可以完成，但许多人仍然选择去办公室或其他可以与他人合作的空间。因此，我们可能会继续需要某种建筑，以便彼此交谈、交流想法。随着世界各地越来越多的高层写字楼的开发，未来我们的天际线不太可能完全改变，但这些办公室很可能被设计成具有吸引力的工作场所。办公大楼对户外空间的需求越来越大，因此虽然天际线可能没什么变化，但它可能看起来比现在更绿，有露台、屋顶花园和绿色墙壁。

不同的城市已经展示了不同的生活方式——一些城市有很多房子，而另一些城市有很多公寓楼。随着城市人口越来越密集，住房可能需要加强——这意味着更多的人需要住在同一个小区域。城市规划者将需要考虑如何开发更多的住房——并使所有类型的人都能负担得起——以满足不断增长的人口的需求。

未来之城

然而，无论我们的房子外表是什么样子，技术的改变都可能使房子内部与今天的截然不同。目前存在的许多设备将继续发展，以使我们的生活更容易：智能设备应该能够告诉我们使用多少能源，以便我们可以使用得更少；其他技术可以打开音乐或让猫出来。2017 年的 Alexa 很可能发展成全尺寸的机器人管家，可以做更多的家务，就像在杰森家那样。

学校也将利用技术的变革。我们需要去学校吗？和人们更喜欢去办公室的原因相同，未来的孩子可能仍然会上学，教师仍然是人类而不是机器人。但是，虚拟现实和增强现实技术的发展将带孩子们“去”雨林或体验法国大革命或罗马帝国，比我们今天所能做的还要多。

因此，如果我们知道我们将来在工作、学校和家庭方面所做的事情，还需要考虑哪些因素才能使我们的城市成为令人惊叹的居住地？ 影响当今城市的重大问题可能继续成为未来的重大问题：交通和环境。

如果我们的城市越来越大，人口越来越多，人们就越难在车流中轻松移动。 公共交通将是减少交通堵塞的关键。规划人员需要考虑建造更多的地铁是否有意义，或者是否需要替代运输的解决方案。无人驾驶车辆可能会越来越突出，但这些车会增加或减少流量吗？

我们需要提出解决方案来更有效地管理无人驾驶车辆，而不是仅仅导致更多的汽车上路。

我们需要关心交通和公共交通吗？有没有飞车或者其他？仅仅因为汽车可以飞，并不意味着交通和污染会消失。将飞车、无人机、飞机和直升机结合起来，可能会导致空中运输异常繁忙，天空污染也将加剧！

交通消耗大量能源，对环境产生影响。将数百万人安置在同一个城市将对环境产生影响，因为他们做饭、开灯、取暖或降温、给手机充电、使用电脑和电视以及四处旅行，所有这些都需要能源，而能源消耗在历史上已经对

未来之城

环境产生了负面影响。

许多城市政府正在研究如何减少对环境的影响，特别是减少可能对居民造成伤害的污染。我们需要努力减少能源消耗，寻找环保的能源解决方案来满足我们的需求。越来越多的电力是通过可再生和低碳方式产生的，但真正创新的解决方案可能是创造我们未来所需能源的最佳方式：氢汽车可以取代现有的汽油和柴油汽车，它们唯一的排放物将是水蒸气而不是二氧化碳。可以开发出将步行或骑自行车产生的人力转化为电能的技术。或者，以某种方式把我们的家、办公室和学校变成能源发电机，让我们每个人都能自行产生我们自己的需求。也许你将来会成为这样的技术设计人员之一，或者会帮助我们规划和建设未来的城市。

我们需要对这些城市的需求有一个强烈的愿景，以便我们能够捕捉到技术在我们生活中可以带来的所有好处。你有这个愿景吗？我是基于系列电视动画片才产生对未来城市的一系列想象。你能想象出什么样的城市？

也许不是飞行汽车，但希望有很多机器人管家！

贝斯

人工智能

聪明意味着什么？在日常生活中，这个词通常用来描述一个人在数学、写作或其他学科上的表现，但有一个更基本的定义。究其核心，聪明意味着在各种环境中实现目标的能力。有时你的目标可能是解决一个数学问题，但有时它可能是我们通常认为理所当然的简单得多的事情：描述天气、玩电脑游戏或用刀叉吃饭。虽然我们通常不认为这些是特别具有挑战性的任务，但它们实际上涉及大量的计算机能力，值得注意的是，我们的大脑能够如此出色地完成许多不同类型的活动。与其他动物相比，智力使人类与众不同：通过观察周围的世界，我们思考它是如何运作的，我们已经建立了工具、社会和文明来帮助我们实现我们的目标。在几万年的时间里——与地球生命历史相比只是一眨眼的工夫——人类利用我们的智慧取得了不可思议的进展：发现电力、建造摩天大楼、治愈疾病、掌握飞行技术，甚至将人类送上月球，发射超越太阳系的探测器。我们的智力为这些成就提供了动力，这与地球上发生过的任何事情都不一样，也可能与整个宇宙中的任何事情都不一样。

想象一下，如果我们有智能机器，可以帮助我们创造更多的新发明，回答更多的问题！这正是人工智能的目标。

长期以来，计算机在一些任务上表现出色，如数学和逻辑，但却不如人类思维灵活。我们觉得很容易的活动，比如识别不同的动物或进行对话——通常难以实现自动化。但是随着计算机的发展速度越来越快，人们发现了新的编程方法，这些方法已经解锁了某些能力。今天，许多世界上最杰出的科学家正在设计新的程序（或“算法”），使计算机像人类一样，能够在各种各样的环境中应用智能来实现目标。这就是人工智能。

人工智能

目前人工智能研究中最令人兴奋的领域被称为“机器学习”。机器学习采用了一种与普通计算机编程不同的方法：机器学习研究者编写学习算法，使计算机能够观察周围的世界，并为自己找出答案，而不是给计算机输入精确的循序渐进的指令。例如，机器学习研究者可能会编写一个学习算法，然后显示许多不同的猫的图片，而不是编写一个告诉计算机猫有两只眼睛、四只爪子和胡须的程序。随着时间的推移，算法将从这些示例中学习，以便使自己能够识别猫。这与我们教育人类孩子的方式非常相似：我们可能会简单地说“这是一只猫”或“这是一只狗”，让孩子自己去弄清楚猫与狗之间的差异。

机器学习最奇妙和最强大的方面之一是它比常规编程更具适应性。例如，我们可以采用与识别猫相同的算法，训练计算机识别各种不同的动物。我们也可以用它来识别人脸、汽车、建筑物、树木等几乎所有东西。这节省了我们大量的精力，因为我们不需要为每个问题编写特定的程序！因为这些算法是通用的，所以可以在各种不同的情况下使用。

学习算法的另一个好处是，与普通的计算机程序不同，它们可以发现新的事实和策略，而我们不知道这些事实和策略是什么时候创建的。例如，最近一个叫 AlphaGo 的人工智能机器人在“围棋”游戏中击败了世界上最好的玩家。围棋有点像国际象棋，但更加复杂：它有更多的棋盘位置，它的变化比整个宇宙中的原子数还要多！这使得比赛变得非常困难，世界上最优秀的选手一生都在磨炼他们的技能，尝试新的战术。AlphaGo 是一个机器学习程序，与人类玩家非常相似，它通过多次尝试各种不同的走法来进行学习，并观察哪些走法最有效。这意味着它发现了一些从未被人类玩家使用过的新颖策略，因此它不仅赢得了游戏，而且还向全球的人类围棋玩家传授了强大的新技术——这种情况不可能发生在一个按照常规、循序渐进的编程算法上。AlphaGo 是人工智能的一个重要里程碑，因为它证明了学习算法在复杂领域中自主学习的能力。

当然，我们还没有建立任何几乎能像人类思维一样灵活或有能力的东西；有许多任务我们人类觉得很容易，但即使是最好的人工智能算法仍然无法做到。但是在过去的几年里，机器学习取得了巨大的进步。除了玩围棋和识别人像和动物之外，机器学习项目还翻译了语言，提高了能源效率，取得了医学进步，等等。以上仅仅列举了人工智能众多令人震惊的最新成果中的一小部分。

然而，所有这些只是冰山一角。最终，人工智能科学家希望实现“人工通用智能”(AGI)—— 一种能够做人脑所能做的任何事情的人工智能算法——这对于帮助科学家进行重要研究和揭示新事物非常重要。实现 AGI 将迎来一个科学突破的新时代：就像人类在过去几千年里通过将自己的智慧应用于各种

问题取得了惊人的进步一样，想象一下如果我们能够将人类智慧与 AI 结合，我们或许能够治愈大多数疾病，解决气候变化等难题，并发现神奇的新材料，从改善太空旅行到自动驾驶汽车，无所不能。

这是一个非常令人兴奋的机器学习的时代。几乎每天都有一个新的发现让我们更接近 AGI。实现 AGI 对人类来说将是一个巨大突破——这与登月或互联网是一个级别。在人类历史进程中，我们已经制造了许多工具——从锤子、铲子到望远镜和显微镜——但它们都没有像人工智能一样有潜力彻底改变人类生活的方方面面。

当然，没有人能确定我们离 AGI 有多远。但是，以这个领域正在发展的速度，我们有生之年有望亲眼见证。在这种情况下，我们现在正站在一个改变世界的发现边缘，注视着一个充满可能性的未来。再也没有比这更令人兴奋的生活了！

这是一个引人入胜、令人兴奋的工作领域。在未来的几年里，也许你——作为当今年轻一代中的一员，计算机是日常生活中熟悉的一部分——将成为进一步发展 AGI 并利用你的技能帮助我们社会真正实现令人惊奇的成就的程序员之一！

杰米斯

机器人伦理

我们可以欺负机器人吗？

我们都知道机器人只是被编程完成任务的机器。你不会伤害他们的感情，他们也不会像人类或动物一样经历痛苦。但是如果对机器人恶语相向或拳脚相加仍让你觉得不对劲，这并不疯狂！

人类心理学中有一种叫作拟人化的有趣现象。这意味着我们将人类的品质和情感投射到非人类身上。如果你曾经想过一只毛绒动物看起来很伤心，因为它被扔在床底下，或者一条狗正在快乐地对着你微笑，你就经历过拟人化。狗肯定有情绪，但它们比大多数人想象的更难读懂！我们有时会从动物和物体身上得到暗示，并想象它们和人类的感觉是一样的。即使我们想象的东西可能是错的，但这是一件非常自然的事情——从进化的角度来说，它是我们试图理解和关联其他生物和事物的方式。

事实证明，我们经常把机器人拟人化。机器人结合了进化教会我们应付的两个因素：物理性和运动性。我们是富有生命的生物，我们的大脑天生就可以看到某种运动中的生命。因此，如果我们看到一个机器人在我们的物理空间里，似乎是在自己移动，我们大脑的一部分就会认为这个机器人是故意的。这就是为什么我们很多人为某个机器人卡在某处感到遗憾的原因，即使机器人真的根本不关心它是否被卡住了！

有些机器人专门针对这种本能而设计。你看过《星球大战》吗？就像《星球大战》中的 R2D2 和其他机器人一样，我们可以使用声音、动作和其他我们自动联想到生物的线索制造真正的机器人。许多儿童和成年人喜欢玩这些机器人，因为很容易想象他们是活着的。这种想象力甚至有利于人们的健康和教育。例如，机器动物可以是对真实动物过敏的孤独或生病的人的宠物。教师可以使用机器人作为友好、有吸引力的助手，使学习更有趣。有些机器人已经非常擅长提醒人们吃药，或安慰他们，或激励他们学习新语言。这些机器人很有用，因为人们把它们视为生物而不是设备。与机器人交谈比与烤面包机或电脑交谈更有趣！

机器人伦理

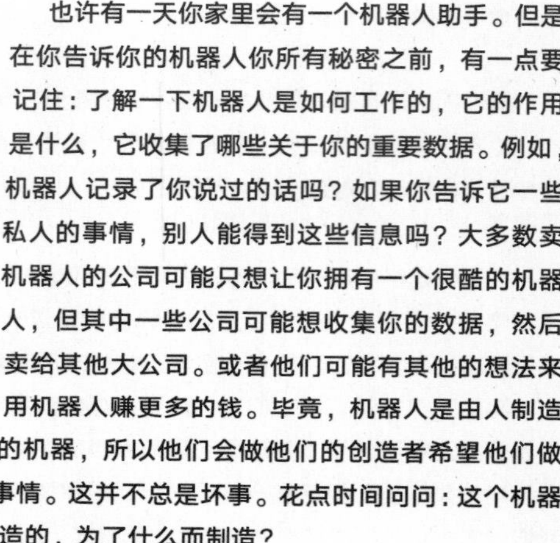

也许有一天你家里会有一个机器人助手。但是在你告诉你的机器人你所有秘密之前，有一点要记住：了解一下机器人是如何工作的，它的作用是什么，它收集了哪些关于你的重要数据。例如，机器人记录了你说过的话吗？如果你告诉它一些私人的事情，别人能得到这些信息吗？大多数卖机器人的公司可能只想让你拥有一个很酷的机器人，但其中一些公司可能想收集你的数据，然后卖给其他大公司。或者他们可能有其他的想法来用机器人赚更多的钱。毕竟，机器人是由人制造的机器，所以他们会做他们的创造者希望他们做的事情。这并不总是坏事。花点时间问问：这个机器人是谁制造的，为了什么而制造？

将来，机器人将会出现在很多地方，并能完成许多不同的任务。一些机器人将被编程为表现得好像有感情。这又让我们回到了第一个问题：可以欺负机器人吗？如果机器人真的没有感情，那就不像欺负动物或人那么糟糕了。但如果你对机器人很好，你也不会变傻。事实上，这可能意味着你有很多同理心，像我这样的科学家一直在研究我们如何对待机器人，就像它们活着一样。我们的问题之一是：我们能否从一个人对机器人的行为中了解这个人的情况。到目前为止，我们认为对机器人有同情心的人对其他人也有很多同情心。所以在对机器人下手之前，请先考虑一下：如果你是一个善良、有爱心的人，这可能对机器人来说无关紧要，但这对你和他人都相当重要！

凯特

互联网：隐私、身份和信息

你有没有想过谁能在网上看到你在做什么，或者你写的信息能持续多久？

互联网由许多不同的计算机组成，这些计算机在世界各地相互连接。我们倾向于通过手机和其他设备访问互联网，但有些计算机专门设计用来存储我们在互联网上发布的信息。这些被称为“服务器”的计算机承载着我们访问的网站。其中一些位于家庭和办公室，但大多数位于由互联网服务提供商（简称 ISP）专门建造的中心内。像谷歌、脸书和亚马逊这样的大公司都有自己的数据中心，以及各自拥有大量数据的机器网络。

社交媒体网站允许人们使用这一庞大的计算机网络进行交流，通常是远距离交流——并且发布到社交媒体平台的大部分内容都可以永久保存！其他消息传递应用程序是专门设计的，只允许信息存在一段时间，但当然，如果你通过电子方式收到某人的消息，你总能找到一种方法来复制它。这样事情总是可以在网上找到解决方法。

像谷歌这样的搜索引擎使用被称为“机器人”或“蜘蛛”的软件脚本，通过不断地从一个页面上的链接跳到另一个页面，来搜索互联网的每个页面（当然是尽可能多地知道它们想找的网页）。他们的目标是对网上的所有东西进行分类，以便我们能够轻松快速地找到我们要找的东西。

因此，搜索引擎和其他此类网站不断复制和列出我们在网上发布或阅读的大部分内容。通过这种方式，我们在一个地方发布的内容可能很快就会出现或被记录到其他地方。因此，一个发布在网上然后删除的项目可能已经存在于另一个网站上——在将来某个时间被另一个互联网用户找到。

这就是我们都应该认真考虑在互联网上发布关于我们自己的信息的原因——因为有时候实际上没有“删除”按钮。

在社交媒体上告诉你的朋友你要和父母一起度过一个美妙的假期似乎是一件很酷的事情，但你忽视了这其实也是在提醒犯罪分子，房子是空的。

互联网：隐私、身份和信息

我们不希望人们找到我们很久以前发布在网上的信息，可能还有其他原因。在过去，作为工作面试的一部分，雇主会向前工作地点询问某人的情况。如今，当你申请一份工作时，雇主通常会在社交媒体上查找你，以便他们了解你、你的朋友以及你花时间干了什么。这意味着你的朋友在网上发布的内容——例如，出现在你的时间表上的内容——也会实际影响别人对你的看法！

互联网作为一个整体，尤其是社交媒体，已经彻底改变了我们的交流、娱乐和与他人交往的能力。有人说社交媒体让我们在现实世界中变得更加不合群，有些人使用它的频率太高了，也许确实如此。但是，像大多数事情一样，如果它不侵占我们的生活并且我们也理解使用它的风险，那么会有很多好处。当然，没有严格的规则，但我在下面创建了一套规则，作为在网上分享生活时要考虑的一系列事情。

七大黄金法则

发帖前思考

当你在网上发布东西之前，不要只想着那些你想让他们看到的人。想想其他人（那些认识你的人，还有很多不认识你的人）现在或者将来看到它时是否感到高兴。如果有任何疑问，请不要发帖！

点击前思考

人们发送“垃圾邮件”的原因有很多，收件人并不想要。有时它们只是为了销售产品而设计的，但有时它们包含一些链接，旨在将您带到不应该访问的网站。最糟糕的垃圾邮件会试图在您的计算机上安装软件，以窃取或控制数据。这里有一个简单的规则——如果你不确定邮件来自谁，或者邮件看起来可疑，不要点击任何链接。

互联网：隐私、身份和信息

分享前思考

很多人在社交媒体上发布照片时都没有考虑到，照片中的人往往不会对公开照片感到高兴。在发布你兄弟姐妹、父母或朋友的照片之前，为什么不先征求他们的同意？

毕竟，这些数据是发布给全世界看的。不要羞于向那些为你拍照或拍摄视频的人提出未经许可不得发布的要求。例如，如果你家有一个聚会，你可以事先要求你所有的朋友不要发布任何照片。可能你在网上出现的样子，是你把一块乱七八糟的披萨扔到下巴上的瞬间！

只交朋友

人们可以在互联网上假装自己是别人——有时用假名、假照片和假年龄。这些人往往依赖于这样一个事实：我们都想成为受欢迎的人——许多人只需点击“接受”就可以添加另一个朋友。如果你已经正确设置了你的隐私设置，那么你的朋友可能会看到更多你的相关信息，所以如果你不知道这个人是谁，就不要让他们进入你的朋友圈。

注意隐私设置

社交媒体网站通过向想要销售其产品的公司销售客户资料来赚钱。他们可以通过将产品广告呈现给他们知道对某个特定领域感兴趣的人来使这些广告变得非常强大和有效。由于我们告诉他们关于我们的信息，他们可以向广告商承诺，足球电脑游戏广告只会向那些谈论足球和游戏控制台的人展示。我们在网上提供大量有关我们自己的信息符合这些公司的利益。所有这些网站都有隐私设置，但它们往往会频繁更改，大多数人在接受之前都不会阅读详细信息。最好的办法是要么继续阅读详细信息，要么假设你发布的任何内容稍后可能会被其他人看到。

注意位置设置

也要注意位置的设置。当我们在搜索引擎上搜索当地的电影院或溜冰场时，这时位置设置肯定很有用。但如果我们在社交媒体上发布想法或照片时，我们不想让其他人知道我们在哪里，那位置信息就有点多余了。你知道现在许多应用程序的设置默认为与应用程序提供商共享你的位置吗？你应该弄清楚这是否真的会使应用程序对你更有用（例如，如果你用它来指导方向，答案是肯定的），你是否信任那些提供你正在使用的应用程序的人，以及这些数据是否会落入坏人之手。如果有疑问，请将其关闭。

密码和安全

犯罪分子利用软件脚本尝试成千上万的单词组合，试图“猜测”密码并访问人们的数据。这就是使用复杂密码（不仅仅是简单的单词形式）非常重要的原因。值得庆幸的是，在未来几年内，生物识别数据（如指纹或眼球扫描）将越来越多地取代密码，但是现在提供一系列密码非常重要，这些密码无法猜测，而且对于计算机来说很复杂。切勿使用“密码”“123456”或类似这样易于猜测的简单形式。并且最好避免一些很明显的事情，比如宠物的名字或你最喜爱的足球队的名字，因为这些信息很容易被发现。

最后，我喜欢把互联网想象成现实世界。那里有很多很棒的事情，还有那么多友善的人。但是，在现实世界的某些地方，我们必须学会小心行走，留意我们说话的对象以及我们的行为。当我们上网冲浪时，这一切依然管用。

戴夫

致　谢

在经历了安妮和乔治十年的冒险之后，这是我们两位英雄最后的一次探险。从黑洞到神秘的行星，它们带领我们徜徉在许多不同的科学领域，所以当我意识到是时候离开他们时，我感到非常悲伤，为自己翻开了新的一页。

在此之前，我要对所有出色的读者说一句：万分感谢！你们使乔治系列的创作如此快乐。在过去的十年里，我见过你们很多人，很高兴回答你们的许多问题。特别感谢我的三位年轻顾问，克洛伊·卡尼、彼得·罗斯和本尼迪克特·摩根，他们对草案的评论非常有帮助。

非常感谢企鹅兰登书屋的所有人和他们在世界各地的姊妹出版商，尤其是安妮·伊顿从一开始就相信安妮和乔治，以及香农·卡伦、露丝·诺尔斯、艾玛·琼斯和苏·库克带我们环游宇宙并带我们

回家。在过去的十年里，加里 · 帕森斯把乔治和他的朋友们带到了现实生活中，并在每一个可能的场景中对他们进行了精彩的说明——无论是在一个新的星球上行走还是面对一只愤怒的老虎！还要感谢丽贝卡 · 卡特、基尔斯蒂 · 戈登，以及所有在詹克洛和内斯比特的人，感谢他们让任务顺利进行。

我也要感谢所有在这个系列中做出如此多贡献的杰出科学家们。如果我能让你们在一个房间里参加一个感谢派对，那将是世界上最伟大的最荣耀的点名仪式。

最后，一位科学家应该得到最大的感谢——我的父亲，史蒂芬。感谢你让我把你的作品作为一系列儿童故事重述一遍，并把你独特的、不可替代的声音传递出来，这远远超出一本书的意义。没有你，我们对生活其中的非凡宇宙的了解和理解会少很多。我想借你的一句话来结束这个系列：

“请记住仰望星空，而非俯视脚下。”